這樣和主管說話受歡迎

行銷管理專業顧問

楊智翔——著

摸清脾氣
說對話

最好讚美
是感謝

爭辯不如
換話術

重要時刻
擋子彈

不必委屈自己刻意討好，也能把**難纏主管**變成**強力隊友**！

職場紅人的攻心說話術

無論是剛畢業、踏入職場的新鮮人，還是已經在職場中打滾數年的老鳥，通常都曾面臨到一種狀況，那就是面對上司時「不曉得該說什麼話」。這是很正常的事情，職場中的環境一定比學校生活複雜多了、壓力更大了，每天除了該做的工作之外，還有很多待人處事、應對進退上的「眉眉角角」要學習，這些都不是學校會教給你的。不用說新鮮人不曉得該怎麼做，就連職場老鳥有時也會說錯話、做錯反應，而惹得上司不快。

在職場上，我們一定有機會跟上司、同事，甚至是老闆談話，有時候可以事先準備，例如會議上的提報、面對客戶的業務行銷等；有時候則是突然的，例如在走廊上碰到了上司，他問你工作上的進度，或是開會時你突然被點到發言、或是工作上的溝通協調等，都需要你具有清楚、良好的表達能力。話說得好，可以避免你因為說錯話而誤事，還可以「拯救」你免於成為職場小白、惹人厭，是一種非常重要的「生存技能」。

而本書的主旨就是，提供讀者朋友們在面對上司時的說話技巧和應答智慧，教你抓住幾個與主管對話的主要重點，就能在面對各種情況時都能得心應手、如魚得水。

現代社會中，一般職員往往只會埋頭苦做，鮮少跟主管說話，甚至是「避開」各種與主管說話的機會，他們的想法也許是「伴君如伴虎」，覺得自己即便不跟著他人爭相諂媚，沒有功勞也有苦勞，主管也會將自己的

認真看在眼裡的。但以現實來說，這樣的想法絕對已經「過時」了。

如今，如果一個職員只會做事卻不會說話，那是一定會吃大虧的，因為，每天忙碌不堪的主管又怎麼會知道你做了什麼事、做得又如何呢？那些能力好又會說話的職場人，往往會比認真工作、少言寡語的人發展得更順利，因為「會說話」能暢通你的職場人脈，能拉近你與上司之間的無形距離，讓你在主管面前更吃得開，升職加薪之路更順利。

你很容易就可以發現，如果一個人不擅於言詞，就很難做好許多事。因為順利完成事務的關鍵點通常在於人際關係之間的溝通，主管、老闆必須懂得說對的話跟對手談判、領導員工，以及讓員工信服，願意跟隨他們；上班族懂得說對的話，就能夠處理好事務、表現出自己的優點、廣結善緣，藉由職場上的好人脈，進一步達到自己的目標。

當然，好的工作表現是我們敲開升遷之門的入門磚，好的口才是我們打開人際之門的金鑰匙。如果你能做事做得好，那麼在此期許你要更能說得好，不然世界上永遠只有你知道你做了什麼、做了多少努力，只有你說出來才能被主管知道，只有你說得好才能被主管認同，這是職場上永遠不變的硬道理。

除此之外，有些職場人會認為，「反正只要嘴巴甜就好了」，工作上必定就能一帆風順。但是其實上司多半都不喜歡沒有具體理由地被「奉承」，他們喜歡的是你發自內心的讚美（當然，誰都喜歡真心誠意的讚美）。也就是說，除了上述提到的「說出來」、「會說話」之外，你還要會「說好話」。如果有好康的事時，主管當然就會先想到那些平常跟他關係良好、能將他讚美得「心花朵朵開」的員工了，這也是職場紅人的「由來」。

很多人都會視「開口說話」為畏途，但卻不知道自己為此付出了一些代價。

如果你覺得自己不會說話、辭不達意、容易緊張、口齒不清，那麼最大的學習重點就是「多觀察」、「多說話」。你可以看看公司裡口語表達出色的同事是怎麼說的，可以聽聽廣播主持人是怎麼說的，試著用他們清楚的語調，練習出「說話要清楚，語意要明白」的說話方式，這是基本重點。進而，你就能慢慢抓住屬於你自己的說話風格了。

在職場上，像「老黃牛」那樣安分地做好自己的事是你的基本工作態度，但你更要有變身為「喜鵲」的本領，「喜鵲」的特色是「會說話」、「反應快」、「說好話」等等，這些都是現代社會普遍需要的職場人說話能力。

而我們說，在職場上與其贏得同事的喝彩，不如贏得上司的信任更有效用。當然，同事的擁護能帶來好人緣，但是得到上司的信賴與喜愛才能為我們帶來更多機會。

也就是說，贏得同事的擁護是銀，贏得主管的信任是金，無論哪一種都是有利無害的好事情。本書教導讀者朋友們，在主管面前會看臉色說話，還能說情真意切、有據可依的話。只要你能贏得主管的信任，也就能贏得往後你的美好職場生涯，祝福各位。

作者 謹識

Chapter 1

speak out

做好更要說得好，說出來主管才知道

Chapter 2

praise

老牛也要當喜鵲，說好話討主管歡心

Chapter 3

timing

會看時機說話，不當小白才能受青睞

Chapter 4

politeness

會說話是基本，心敬重才能被喜愛

Chapter 5

會做事還要夠服從，贏主管信任才有機會

Chapter 6

observe

說話前先觀察，摸清脾氣才能說對話

Chapter 7

say no

不只是會說好，會拒絕才能上下和諧

Chapter 8

tolerance

爭辯不如退一步，維護主管是維護自己

Chapter 1

做好更要說得好，說出來主管才知道

——工作要高IQ，說話要高EQ

在職場中，那些能力強又會說話的員工，往往比只會埋頭苦幹、少言寡語的員工發展得更好更順利，會說話能讓你暢通職場人脈，更重要的是能打通你與主管之間的無形牆壁，讓你的工作更加得心應手，在主管面前更吃得開，升職之路更順利。在現代社會，會做事已經不夠用，只有積極和主管溝通、交流才是真王道。

觀念逆轉，現在就積極和主管溝通

賢齊研究所畢業之後，到台北一家知名企業工作。由於他處事能力好，專業實力又強，很快就被公司提拔為主任人選。之後，各大獵頭公司紛紛上門，想挖賢齊到世界排名五百強中的企業做管理。由於豐厚的薪水，加上想在大公司裡展現自己的實力，賢齊很快地就跳槽到了另一家知名企業擔任主任。

由於紮實的學問底子與聰穎的天份，賢齊上任僅半年，就表現得相當出色。本想靠著自己的實力得到進一步的升職，但沒想到這樣的表現卻沒有得到上司更多的贊同，反而招來了質疑和不信任。賢齊沒有意識到問題的存在，只是更賣力地工作，一年之後，賢齊仍然沒有得到晉升的機會。

一天，下班時間早過了，賢齊仍在埋頭加班。此時，不知道什麼時候，李總走到了他的座位，李總讓賢齊去辦公室裡找他談一下。賢齊不知所故地走進李總辦公室，他先請賢齊坐下，並表揚了賢齊的工作表現，然後提出了幾個問題。其中，最強調的一點就是，李總覺得賢齊缺乏與主管的溝通。

例如，他很少主動進入主管的辦公室，跟主管談一談工作的狀況與進度。聽到李總這麼說，還是年輕小伙子的賢齊有些不能理解：「可是既然讓我來做事、來帶人，那就交給我好了，為什麼還要不斷地和您報告呢？有這個必要嗎？」李總接著說：「記得嗎？上次你沒有聽懂我到底分派了什麼工作下去，就自己擅自聯絡，結果弄錯型錄而耽誤交期了。那時候你為什麼不過來再問一次呢？」賢齊說：「我怕您太忙，不想打擾您。」於是，李總有些不悅地說：「我忙是我的事，你怕什麼呢？」賢齊頓時說不出話，他意識到，公司那些業績不如自己，卻勤於和主管說話的同事，升職都比自己還快。此時他終於明白積極和主管說話、主動和主管溝通，是何等重要的事了。

從Case當中我們可以看到，賢齊並沒有非常重視「回報」、「溝通」這些事，只知道自己不停地加班，雖然能有一些成績，但卻仍然無法得到主管的肯定。

我們經常聽人家說：「酒香不怕巷子深」，認為只要東西好，沒有賣不出去的道理。在職場上，抱持著這種觀念的人也不在少數，認為只要自己努力做事了，即便安靜無聲，也能被主管瞭解與賞識，使自己得到相應的回報。所以工作起來不會與主管溝通，忘記了主管的存在，埋頭工作，累得爆肝了，成效卻是不怎麼樣。這種會讓你得不到應有回報的想法，只會被別人冠以「拼命三郎」的稱號，該是時候放棄了。

在商場中，為了讓自己的產品暢銷，廠商多半捨得花重金拍廣告來大量曝光。老闆之所以捨得下那樣的大成本，在於多多宣傳能帶來更大的知名度和利益。同樣地，職場中的員工當然也需要跟上司有好的溝通，多增加自己的曝光率。試想，如果你經常忽略與主管的溝通，甚至不懂主管下達的命令也不提問，或是根本無視，那麼他挑你毛病還來不及呢，更不用說什麼加薪和升官了。

職場上的競爭雖然多數不及商場上的激烈，但如果你一直像過去農業社會裡，那隻勞苦功高的老黃牛一樣出力而不出聲，就很難顯露出你創造出的價值究竟有多高，自然也就得不到物質上的回報與精神上的肯定了。在這種狀態的循環之下，更會不斷地耗損你的向上心，這將不會是一種好的循環。

因此，記住，在職場上努力卻不表現自己，從來就不是一種自謙，而是一種「自損」，對你來說這又何必呢？

當你碰到像賢齊這種狀況時，作為下屬，就要冷靜地想想，是否因為當時主管可能沒有意識到你的問題所在，或者這是你自己沒有與主管做好溝通造成的。

有時候，當你在工作上碰到迷惘、無助、困難的時候，別忘了你不是一個人在奮戰，你的背後還有個主管能解決問題。要把事情做好、做成，就要利用一切可利用的資源，這種時候，主管就是你成事的資源之一，你要善用各種資源，達到工作順利的最終目的。

那麼，作為一個下屬，在職場中該如何做才能與主管有好的溝通呢？

收買主管心·Tips·

該說話就要說話，讓主管注意你

在職場中，經常可以看到這樣的人，他們多半沉默寡言，如果不是主管要求他去辦公室，他決不踏入上司的辦公室半步；開會時總是躲在離上司最遠、最不起眼的角落；工作的狀況，也從不主動跟主管報告等等。這樣的下屬，又怎能讓主管認識你、知道你做了什麼事，而幫你加薪、升遷呢？

在職場中，一定要實行「該說話時，就要說話」這個硬道理，這樣上司才會注意到你，不要只是在背後自嘆命運不公、懷才不遇、沒有人瞭解你，想想你又做了什麼？說了什麼？聰明的職場人都懂得，該說話時一定要說，只有說出來別人才會知道，才能瞭解你的工作狀態如何、你的工作表現如何，你不說，永遠沒人會知道。

換個心態，溝通不是逢迎拍馬

有些職場人，在碰到工作問題時，雖然想跟主管討論，但又礙於面子，又怕其他同事說話，說自己逢迎拍馬或是故意討主管歡心，於是止步不前。但其實這種想法是錯誤的，溝通是為了避免誤解，是為了可以順利完成工作，我們的想法絕對不要太過狹隘。

但有另一種職場人，他知道跟上司溝通的重要性，但是卻不知道要如何才能正確表達出自己的想法來跟主管討論，這樣的人只需要學習上司與下屬的相處與說話之道就可解決問題。

而有另外一種人，他們追求的是立場的平等，不論是對待父母，還是對待上司，他們往往習慣以自我為中心，因而與上司產生觀念上的對立。

面對上司的要求，他們習慣用自己的方式一個人解決，喜歡用結果來證明自己的立場是對的，非得失敗了不會回頭。

希望讀者朋友們知道，學會與主管溝通，能讓自己的職場生涯少走很多崎嶇路。例如：向主管貼心問候，能讓你快速拉近與主管之間的距離；適時適切的讚美能讓主管露出笑容，讓彼此關係更融洽；善於觀察主管，抓好正確的說話Timing，能讓主管更加賞識你等等，這些雖然是小招式，但卻是情感上的大幫助。

主動讓主管知道你的工作狀況

主動和主管溝通，讓他知道你的工作進度和碰到的問題。作為上司，他在專業、知識等各方面的經驗比較充足，能直接指出你在工作上可能面臨到的困難，或是解決的方法。多數人集思廣益，共同解決問題，就能讓工作變得更簡單、輕鬆。尤其現在的工作多半都是團隊合作，這樣的回報模式，既能避免彼此之間的誤會，又能確認工作過程的無誤，利於及時發現問題。

當然很多時候，因為溝通方式不良或者時機不當，讓上司對我們產生了誤會或不信任。面對這種情況時，作為下屬，我們要主動尋找合適的場合與時機解釋清楚，化解彼此的「心結」，這才是最好的解決方式。

認真聽，也是良好溝通之一

溝通時會說，也要會聽，這是雙向交流的。而且要對主管的指導表示贊同與理解，在表達自己的意思時，要多考慮上司的心思與立場，這樣就能贏得上司的認同與好感，讓溝通成為你有效工作的潤滑劑，而不是一切誤會的開始。

1-2 做好本職，還要勇敢說出期望

明偉創立室內設計公司已經一年了，期間當然不乏喜悅與辛勞，但讓他最感到遺憾的是，兩個月前，他痛心地fire了設計部門的陳經理。陳經理是一名專業能力、素質、態度都不錯的好員工，對公事十分盡心盡力。而明偉辭退他的理由是，陳經理的個性通常不會向他提出要求或意見，甚至是多說一句公事以外的話，這讓明偉很苦惱。在外人看來，不會跟老闆提要求、總是默默認真工作的員工是多麼地難能可貴啊！但是，以目前明偉的公司狀況來說，不夠積極向前、不能確立出目標，這樣的公司根本站不住腳，更別提往後的願景了，這細節還得從一場會議說起。

對一個剛起步的公司來說，速度絕對是關鍵。經過了一段時間的發展，公司從無到有逐漸建立出了一套自己的準則。於是，明偉研究市場的發展趨勢，並思考公司的未來發展方向之後，提出了新的目標。而為了落實新目標，明偉召集了各部門經理召開會議，針對新目標，每位經理都說出了自己的困難或是需求，明偉都一一答覆。

輪到設計部門的時候，明偉說得更是熱血沸騰。接著，他問了一個問題：「那麼這樣的做法有什麼困難嗎？」，現場卻一片安靜。明偉讓陳經理發表意見，但陳經理卻是有話寫在臉上卻說不出口的樣子，讓明偉覺得不太放心。

半年過去了，其他部門漸漸穩定、有起色，唯獨設計部門沒有太大變化，在這期間，明偉多次找陳經理來談，當然也不乏開門見山地明示：「你有什麼要求儘管提吧，只要是合理的我都能考慮，錢不是問題，碰到實際上的運作困難也可以反應，我希望看到設計部門的強大，可以達到我們當初設定的目標。」但每次陳經理都是支支吾吾，或是保持沉默。明偉認真思考再三，覺得不能把時間耗在一個似乎不會有結果的問題上，於是，他最後決定將陳經理辭退。

明偉不由得想起自己做第一份工作時的場景。明偉大學畢業後，就去了A公司，而他的工作信條就是「少說多做」。於是，他總是不提要求、不提意見，頂多談談計畫，認為只要每天認真工作，埋頭苦幹，主管總會看在眼裡的。尤其是，每當他感受到公司的不公平待遇的時候，總還會自我開示一下：「老闆不是傻子，他會知道我的認真的！」

可是到頭來，明偉很少被老闆賞識或贊同過。他最後終於明白了，明白老闆眼前的紅人是「怎樣」來的，當想起自己的年少過往時，明偉對陳經理的固守，仍然覺得相當惋惜。

在職場中，其實我們知道很多人都和陳經理一樣，他們總是努力地做好自己的工作，卻從來不敢提出要求或問題，甚至不敢跟主管有過多的交流。但是，沒有多少老闆會喜歡這樣一頭埋頭苦幹的老牛的，只有你勇敢說出想法、提出要求，才能讓主管們注意到你的存在與想法。如果你每天都在工作崗位上默不作聲的拚命，那麼他再久也不會注意到你的存在。

做好分內的工作，是理所當然的事，但是工作卻不僅僅只是如此，因為我們是「人」，而非「機器人」，如果只需做好工作的話，那麼幾千幾百個機器人就能勝任。但是我們卻是生存在一個「人」的社會，必須更「人性化」與「柔軟」才能互相溝通，創造出雙贏的場面。

很多人都想增加收入或升職，但是他們卻不願意付出更多的勞動、更多的學習。我們說，只有多一點的工作，才可能有多一點的收穫，但是一般人卻多半本末倒置，想法顛倒了，當然就無法達成這樣的目的了。

那麼，職場人究竟該如何向主管提出請求，又避免被駁回呢？

收買主管心 Tips

理所當然，要求要切合實際

有些職場人，覺得自己工作做得出色，就忘乎所以，提出的要求太過分，並沒有好好權衡自己的要求是否合理、是否切合實際。

因此在向主管提出要求之前，需要先考慮一下，如果你是主管，是否能接受這樣的要求。如果是你自己都不能接受的要求，又怎麼能期望主管接受呢？如此，像這樣的期望最好不要向上司提出，否則，不但目的無法達到，還會讓主管留下不好的印象。

提要求時，要看準Timing

不是任何時候向主管提出要求都適合。跟主管提要求這件事，對他們來說當然不會是件多愉快的事，如果正好碰上主管心情差，或是有其他公務在身，忙碌到不行的時候，那麼說不定原本聽來合理的要求也可能遭到無情的拒絕。因此，在向主管提要求時，明眼人一定要會看時機，最好選在主管心情愉快，有空閒的時候，這時候他心情愉悅，你的目的達成的可能性才比較大。

可以要求，但先秤秤自己的斤兩

如果你的工作表現並非十分出色，而且資歷也不夠老鳥，但你又想讓主管幫你加薪、升職的話，那這樣的要求就像是沿著懸崖走一樣，很難得知主管會給你怎樣的答覆，還很危險。

特別是如果你向主管提出這個要求，卻被他駁回時，那麼你未來的處境難保不會很尷尬，甚至主管會因為你的貪心而開始提防你。

試著說出期望，試著爭取權益

在職場中，除非你的工作表現很出色，否則一般上司是較少主動褒獎的。因此有些時候，自己的權益或期望還是必須要靠自己去爭取的。

當然每個人的表達方式都不同，每個人都可以嘗試去表達自己的想法，除了要能勇於說出自己的期望之外，更重要的是要技巧性的表現自己。例如，在向主管提出期望時，一定要心平氣和、面帶微笑地陳述你的原因，接著再委婉地提出你的期望，儘量多用「徵詢」的語氣，而不是果斷、難以討論的說法。如此，成功的可能性才比較高。

1-3 與上司交心，就能近水樓臺先得月

虹萱從大學觀光系畢業之後，進了一家空調冷氣公司，擔任經理秘書一職。剛到公司沒幾個月，就因為工作能力出色而被劉總經理器重，後來，虹萱很快地被提升為主管。但公司裡很多老員工都不能理解，虹萱到底有什麼能耐能在這麼短的時間內被主管賞識。一天，與虹萱感情較好的亞婷問起她這件事時，虹萱就說起了一段故事。

剛來公司的第一天，虹萱就聽見劉總經理在嘀咕，另一個秘書又把她的咖啡裡加太多糖了。劉總經理的聲音很輕，沒有責備的意思，也沒有讓秘書重新去泡一杯，而是將就著喝了。

接下來的這個禮拜，輪到虹萱值日。於是她先用幾個小紙杯分別調製了幾種不同甜度、不同品名的咖啡，讓劉總去挑選。就是這麼一個小小的舉動，讓劉總經理覺得非常貼心，笑著說自己的家人都沒有細心到如此地步。

由於工作繁忙，劉總習慣在午餐後小憩一會兒。於是，虹萱事先通知櫃台人員，避免沒有預約的訪客或是非急事的下屬打擾。劉總是個足球迷，而且特別喜歡貝克漢，於是她就在辦公桌上放了貝克漢的小磁鐵，電腦螢幕的一角上偷偷貼了貝克漢在足球場上踢球的小貼紙，虹萱這樣的舉動讓劉總看了會心一笑。因此，劉總有空時就經常帶著虹萱出去開會，順便喝個下午茶、聊聊天，漸漸地，兩個人越來越熟。

身為一個職場女強人，劉總要承受比男人更大的壓力和更多人的目光。當她們坐在一起喝茶時，就像朋友一樣，無拘無束，特別是兩個人都有共同的興趣，都是文學愛好者，她們從《小王子》聊到《挪威的森林》，從「詩篇」聊到「小說」，從「理想」聊到「現實」，以朋友的關係各抒己見，並無意中發現她們真的有許多相像的地方。

一年之後，虹萱就這樣順利地升到了主管的職位。

虹萱之所以成功，有兩個重要因素，其一就是與主管交心，其二就是與主管距離相近，可以讓主管經常看到自己的細心表現。宋代詩人蘇麟曾寫過：「近水樓臺先得月，向陽花木易為春。」他婉轉地表達了：「我不常在您（在此指范仲淹）面前表現自己，所以您不太瞭解我，對於我的工作能力和成績也因此不能夠肯定。但是那些經常在您面前表現自己的人都已經『得月』和『為春』了。」蘇麟的詩句確實說明了一個事實，那就是經常在主管面前表現自己的人，多半更能得到主管的賞識和晉升機會，也就是我們所說的「職場紅人」。

但是，事情當然不是那麼簡單的，即便我們說近水樓臺先得月的機會

比較大，但最重要的一點還是「與主管交心」的這件事。如果我們與主管近在咫尺，但心的距離卻猶如天涯，是「最熟悉的陌生人」的話，那就別說在職場上能一帆風順或呼風喚雨了。

所以，記住本篇的重點，那就是試著與主管「交心」。

具體來說，我們可以從以下幾個方面去做：

收買主管心·Tips·

談談工作以外的事吧

在職場中，想拉近與主管之間的距離，可以主動讓對方瞭解你的一些生活狀況，知道你最近遇見了什麼樣的人事物，讓主管能對你有一個基本認識，進而放下一些防備心，拉近彼此的距離。

在和主管私下聊天時，儘量不要一回神又談到工作上，因為一提到工作，上司腦袋裡的弦就很容易繃緊，此時，你說的每一句話，都很容易讓主管產生過多的聯想。即便是不得已要談到工作方面，也要適可而止，不要將私人時間也當成會議時間了。

記住！不在主管面前評論他本人

在主管面前隨意評論他的作為，無論你評論的是優點還是缺點，都是職場人的大忌。你可以「讚美」，但不是「評論」，這是立場上的絕大不同。

同時，若你只會說主管的優點，便會讓對方覺得你很虛偽，不值得深交；而評論主管的缺點，當然會讓對方心裡不舒服，這種事絕對是連提都不要提的。若你認為那就優缺點都說的話，不就沒事了，這就錯更大了，因為主管只會覺得你是不是都把精力放在他身上，而沒把工作放在心上。

不要提及太多你的夢想

不要在主管面前聊太多你的人生願景，即便你對自己的未來有著良好規劃、即使你的職場規劃進程很明確、即使你的理想或夢想對現在的工作很有幫助，你也要放在心裡，而不要掛在嘴上。

否則，主管會對你的「雄心壯志」心存芥蒂，覺得你現在是不是「身在曹營，心在漢」，認為你不會真心誠意地為公司長期效勞。這不但會對你現在的工作不利，最後更會因為在主管面前提太多自己的夢想而付出一定的代價。

不要在主管面前評論朋友和同事

想要與主管交心，還要盡量做到不在主管面前評論你的朋友，不管你說的是朋友的優點還是缺點，這些都對你不利。過多的談論朋友，會讓主管聯想到，你是否也常在朋友面前評論他的事，這種懷疑私下被討論的感覺會讓他覺得不愉快。

更何況，你也不能準確地判斷出，在主管的心中，什麼樣的事是好事，什麼樣的事會讓他覺得很不開心，更有可能的是，說不定你評論的朋友的缺點主管剛好也有，這豈不是也讓他覺得尷尬呢？

舉一反三，在主管面前談論同事也不是明智之舉，何況你也不瞭解你的同事與主管、與老闆之間有著什麼樣的關係，他們之間的情誼又是如何的。為了避免弄巧成拙，少談同事和朋友，這才是你與主管交心最好的盾牌。

和主管聊天，不要太頻繁

俗話說：「言多必失」是有道理的，更何況是與上司交談的時候。偶爾和老闆、主管聊聊天是必要的，適當的閒聊可以讓主管把你當自己人看待，拉近彼此的距離。但是記得一定要適可而止，千萬不要太頻繁，像在走自家「灶腳」（廚房）一樣地找對方聊天。

很多聰明的職場人，在與主管交談時會非常有分寸，因為在他們眼裡看來，話多最會出錯。這就像是古代大臣在皇帝面前一樣，「伴君如伴虎」，你永遠不知道哪一句話會惹得主管發威、下了你的「殺頭重罪」。

不模仿同事，靠自己的經驗多練習

健民在電子公司裡當工程師，他是那種個性比較散漫的人，工作做得不急不緩，主管對他的態度也是普普通通。健民想，如果能一直保持這樣的狀態也很好，對未來的事業也沒什麼野心。

但是「人不怕窮，就怕比」，這句話用在健民身上是最適合不過的了。他對自己的原地踏步原本沒有什麼感覺，但是眼看著同時進公司的同事、後來進公司的後輩，有的辭職創業了、有的升官加薪了，只有自己還在同一個地方原地踏步，就有那麼點不是滋味。

健民曾經也是個愛面子的人，如今自尊心還是很強，他想改變自己現在的狀況。於是，他先從工作上做起，改掉以前那些散漫的習慣，還有上班無精打采的精神，積極地投入到工作之中。一年之後，健民的表現有了明顯很大的進步，主管還在會議上多次點名誇獎他，健民當然很高興。

但是，健民要的不只是這些，他看有個主管職位空缺下來了，他本來以為憑自己的表現，一定能得到上司的提拔。但眼看著主管一職被另一名同事頂上了，上司除了每次會議都會表揚自己之外，但其實沒有做任何實質上的改變。

健民有些困惑，不知道問題出在哪裡。有一天，健民的同事兼徒弟的偉良悄悄地對他說：「老師，我覺得你上次之所以沒被升官，應該是跟你的說話方式有關係吧。」聽完，健民終於知道癥結點了。原來，在改變自己的過程當中，不只要提升自己的工作表現，還要改變自己的說話方式啊！他看同事文云很會說話，從文云口中說出的話，即使不是令人開心的內容，也容易讓人接受，所以，健民決定開始模仿文云的說詞。

有一次，他看到文云對剛進去辦公室的主管說：「您今天真是紅光滿面啊，有什麼好事快說說，跟大家分享一下吧？」原來主管的女兒剛考上了台大，主管聽完文云的話，就順勢把這個喜訊說了出來，大家都為他鼓掌、祝賀。主管開心地看了文云一眼，健民瞭解那是讚賞的目光。果不其然，下一個升遷機會，就換文云了。

一天，健民表現的機會終於來了，那天主管穿了件新襯衫走進辦公室。健民心裡想說的是：「您這件衣服真好看，這顏色映襯出您的氣色很好。」但是因為緊張，他卻看著主管說成了：「您今天膚色看起來更黝黑了，這件衣服映襯皮膚的效果很好，去哪裡買的呢？」主管聽了似乎有些皺起眉頭，但還是向健民說聲謝謝。

往後的日子，健民還是經常說出聽來不太對勁、有些刻意的讚美之詞。當然，他在公司裡的職稱也就始終沒有改變。

每個人都有自己的說話方式，與其花過多的時間刻意去模仿別人，不如找出自己的不足之處加以練習、改進。有些職場人常會反應，和主管交談時總是無話可說，因此只好去模仿那些跟主管說話時不會冷場的同事。但殊不知，這樣很容易「畫虎不成反類犬」，這不但提升不了自己的說話技巧，還容易讓主管感覺不好。

還有一些人，為了模仿「職場紅人」而忘記了自己的本質。他們模仿別人的做事方式、模仿別人的說話語氣，其實，有些本質性的東西是模仿不來的，它需要長年的累積或因人地時而制宜，不是一朝一夕像鸚鵡那樣照著說、照著做就能達到的，更何況還有適合不適合的問題。

同樣的一句話，從你的口中說出來，就可能明顯不如別人的效果好。這就像是一件衣服，穿在體型適合的人身上就是亮眼、好看，而穿在你身上可能就是小孩穿大人衣服，失去美感。

我們都知道，在職場中，如果工作能力差不多的兩個人要選其中一人來升遷的話，那麼表達能力較不好的人的升遷機會，將遠遠不如那個既會做事又會說話的人。對職場人來說，說話能力有時要比做事能力更重要，因為只有你與主管的溝通順暢，沒有誤解，才能更順利地展開工作。

那麼，作為下屬的你，該如何提升自己的說話能力呢？

收買主管心·Tips·

話要說得討喜，肚裡先有墨水

人家都說：「巧婦難為無米之炊」。想要提升自己的說話能力，雖然不需要到博覽群書不可，但至少要多看點書報雜誌，拓展各種領域的知識。下班之後的閒暇時刻，可以多看些國內外的政治經濟、文化社會等新

聞資訊，這些當然都不是一看就見效的準備，話題也需要長期的累積。

同時，平常看書報的時候，你可以準備一支筆、一本小本子，把讀到的好文章或者讓自己心動的好句子記下來，或是把靈機一動的點子畫出來，如此的日積月累，當你在與任何人交談時，就很容易地能將這些素材運用到交談之中。

多聽、多說，重新建立自信

每個人出生時都不會說話，都是透過後天一步步學會的。

特別是在職場中，記得要多聽一些，多和人交流一些，在聽和說之間練習有邏輯的思考和說話方式。要能聽得出對方的言下之意；要能聽得懂對方說話的重點；要敢於說話，善於用譬喻法，如此才能用自己獨特的觀點來深入淺出地進行對談，並能改善原本不敢說話、或是太過怯懦的表現。多練習能重新建立自信、培養出良好的說話品味，能逐漸說出屬於自己風格的好口才。

多朗讀，讓你的口齒更清晰

時下的正音班，老師多半會為了讓學員重新矯正發音，而讓他們看著國語日報一個字一個字的朗讀，我們當然也可以依樣畫葫蘆。在工作之外，找一篇自己喜歡的散文或是喜歡的詩篇，開始朗讀。剛開始時，速度可以慢一點，覺得上手了之後，慢慢地加快速度，一次比一次快一點，試著達到自己所能朗讀的最快速度，但還必須字字清晰。

透過朗讀的練習，可以讓你口齒伶俐、語調準確、字字清晰。在與主管交談時，若有練習過的、紮實的朗讀經驗，便可以讓你清楚地闡述自己的觀點，不會說的語調模糊不清、字音不準確又沒自信，讓主管不懂你究竟要表達的是什麼。

多出外走看，豐富你自己的故事

我們說，話題的另一個重要來源是人生閱歷，一旦你走的路多了，人生的經驗豐富了，自然腦袋裡的談話素材和話題也會多了起來。工作之外，去旅行，享受旅程中的點點滴滴，在大腦裡形成圖像、形成故事，久而久之，這些故事在說話時就能自然地浮現在腦海裡，自然就能透過嘴巴說出來了。

每個人都喜歡跟擁有很多故事的人聊天，當我們走的路多了，自然那些經驗也會和自己融為一體。不用說是在職場上，就算是與陌生人交談，對方也能被你的故事吸引，覺得你是一個非常有魅力的人。

特別是一個走遍世界的旅遊愛好者，如果談起各地的風俗習慣、人文景觀，那麼一定能讓對方感受到他是一個感情豐富、擁有個人魅力的人。又或者是，你發現與談話對象有著相似的經驗，那麼那種遇到同道中人的感覺，就不只是用言語就能表達清楚的了，更容易跟對方當成朋友。

自吹自擂OUT，和主管說「對」的話

良緯大學畢業之後，就留在台北工作，隨著房價物價的不斷上漲，良緯意識到，如果繼續留在台北生活，恐怕不是明智之舉。於是，他跟女友商量，想回老家南投工作，而女友也同意了，於是兩人就將台北的工作辭了，一起回到了南投。由於在台北的工作經歷不錯，他們都很快地就找到了新工作，女友去了會計事務所，良緯則去了一家行銷顧問公司。

來到新的公司之後，良緯覺得自己曾在台北的大公司待過，所以始終以高人一等的姿態與人來往，這讓主管和同事都覺得很不悅。

一個星期三的下午，公司召開例行會議，和良緯同部門的所有員工都來到了會議室開會。主管有條不紊的說著話，大家都安靜地聽著。接著，主管不經意地提到了台北某家顧問公司的名字，良緯一聽，馬上打斷了主管的發言，開始發表自己的意見。

原來主管談到的那家公司，良緯曾和他們打過交道，為了表現自己比其他人懂得多、見識更廣，於是他從那家顧問公司的歷史，到現任總經理的名字都說了一遍，還補充了自己的看法。但良緯沒發現主管已經皺眉頭且不耐煩地翻閱文件了，還自己說個不停，同事們都知趣地一聲不吭。好不容易良緯終於說完了，主管看了看錶，沒好氣地說：「好，你說完了，那我接著說。」主管說了幾句後，卻一點心情都沒了，因為該說的都被良緯說完了。

於是，主管換了個主題，繼續會議，然後讓大家在會上討論某個企劃案的利與弊。這下良緯的舞台又來了，他又開始滔滔不絕地發表自己曾在台北待過的經驗，聲音壓過了任何人。主管一看情況又重演了，便揮揮手說：「我等下要接待客戶，今天就先討論到這裡吧，散會。」說完，就逕自走出了會議室。

幾天之後，良緯竟被fire了，主管給出的辭退理由是：「在我這裡，你發揮能力的地方有限，小廟容不了大佛，請你另謀高就。」而總是一臉意氣風發的良緯，也只得黯然地離開公司了。

良緯之所以被辭退，很明顯地跟他的待人處事和說話方式有關。他不停地在主管面前表現出自己很有見識、很有能力，這當然會讓對方不勝其煩。

身為職場人，切忌一味地「自吹自擂」，和主管說「對」的話才是真道理。如果你只會滔滔不絕地說一些大捧自己的話，那麼只會讓主管和其他人厭煩，甚至會覺得你根本沒什麼才能才會自誇成這樣。

在職場中，主管為了廣納建議、瞭解下屬的想法，經常會與下屬公開談話。這種時候，你就應該注意，千萬不要太自我中心地誇誇其談，你應

該對自己的看法表達地簡明扼要、適可而止，千萬不要像洩了洪的水庫那樣說得沒完沒了、太超過，甚至在主管面前「以我為主」。

如果主管找你談話的目的是想問你有什麼看法，那麼你可以謙虛地說一些，但不要忘記加上：「但是還得看您的意思。」，在主管面前說話要實在，言簡意賅，不要什麼都會地做很多口頭承諾，一旦說得太多就容易引起對方的反感。

同時要注意，不要在主管意思還沒表達完整時，你就接著說：「這個OK。」或「當然沒問題。」，又或者是東拉西扯，盡說些不著邊際的話，像是怕主管不知道你有多大的能耐似的。

有些人在求職的面試時，也會發生這樣的情況。像是，當面試官一個問題還沒說完時，求職者就先以前面的問句開始說起來。例如，面試官問：「請說一下你大學時的社團表現，再補充一下你的主修科目……」，還沒說完，面試者就開始回答，結果當然不會命中問題的核心，這樣做只會讓面試官留下「急躁」、「不細心」的印象。

現在的企業需要所有的職場人都必須具備說話的能力，也就是能清晰地、準確地表達出自己的想法或意見。但這並不代表你一定要在主管面前說個不停，記住，話永遠在「精」不在多。沒有重點地一直說，只會耽誤彼此的時間。同樣地，如果你有好點子卻不說，這只會讓主管認為你是一個沒有創造力的員工，甚至會認為你無法勝任這份工作。

那麼職場人又要怎麼避免說話有「自吹自擂」的成分，還能說出「對」的話呢？

收買主管心·Tips·

彙報工作時，先說重點

在職場中，作為下屬，必然經常要向主管彙報工作狀況。當下屬彙報工作時，最重要的是清楚地說出你面對到的問題與公司受到的影響。換句話說，就是你需要解決的問題與影響公司的狀況，與此無關的話題，多半都不應該在彙報工作時說出。

彙報就是要你將自己的工作狀況回報給主管知道，東拉西扯地只會占用主管過多的時間，因而達不到解決問題的目的。

假設目前公司因為經營不善，導致利潤下滑，那麼主管最想知道的就是最新狀況，從而想出更好的解決方法。如果你一貫地亂說或是亂下判斷，那麼只會增加主管的錯誤理解，達不到解決實質問題的功效。

閒聊時，只說主管關心的

對上司來說，他有很多該關心的事情，例如公司員工的情緒狀態、員工對公司福利是否滿意、目前公司的經營模式是否能持續向上等。這些問題都在他的腦海裡持續發酵著，雖然表面上他們不常說出，但是主管們卻無時無刻不在注意這些事。

而你作為下屬，就要盡量投主管所好，閒聊時說一些主管關心的問題。例如你可以跟主管說最近大家的壓力比較大、或者有人在詢問年終獎金的事情、或是大家對某些事的做法有一些意見等，不說出特定對象的傳達意見（以防落人口舌），主管關心的問題也就能得到解決，也會開始信任你這樣細心的部屬。

而作為下屬，不要以為主管的閒聊就是閒聊，因為公司的大小事他都必須掌握，因此要特別注意，不要隨便地聊一些無關痛癢的話題，或是說出會讓主管盯上你的事情，才能得到主管的信任。

當你承諾時，說能兌現的話最有分量

在職場中，經常有些人為了討主管歡心，便說一些不能兌現的大話。即便說的當時能博得主管一笑，但事後若不能兌現，只會讓主管更加厭惡，從而失去對你的信任罷了。

職場人該注意的是，向主管承諾時要說能兌現的話。例如，你向主管保證這個月能達到某個營業額，如果你的確有能力完成，當然可以向他保證，但如果你沒有十足把握的話，就不要做出這樣的空頭承諾。

上司都喜歡說話、做事實實在在的員工，這樣的人不但上司喜歡，身邊的人也會對他持有好感。要知道，說出的話能兌現，這才是最有分量的承諾。

碰到誤解，態度不卑不亢是重點

東士大學畢業之後，一直在這家會計公司上班，到現在也有六年多了。在這六年裡，東士一直都是少說話多做事的員工，和誰都不多說話，別人聊天時說的八卦他也覺得和自己沒有關係。有時候，即使是誰在背後說了對他不利的話，他也不計較，因為他相信只要自己做好工作，認真為公司工作，主管都會看在眼裡的，也就不會虧待他了。

但東士想不到的事情還是發生了。

那天，東士正在做公司分配下來的新case，他做得很認真、很仔細。突然，他的頂頭上司劉經理怒氣沖沖地走進來，走到他面前，然後「啪」的一聲就將手中的文件扔在東士的桌上，大聲說道：「東士，你來公司也不是一天兩天的事了，這是你做的檔案嗎？錯誤百出！怎麼連這麼基本的事情都做成這樣！真是太誇張了！」

原本正專心在工作上的東士，被這突如其來的怒吼一下子嚇呆了。他拿起文件看了看，發現上面雖然簽著自己的名字，但是卻不是他做的。於是，東士心平氣和地對他說：「劉經理，您可能是搞錯了，這不是我做的，雖然上面寫的是我的名字……」劉經理一聽，更是火冒三丈地對東士怒吼：「這不是你做的？但是上面卻簽著你的名字，難道我們公司還有兩個王東士嗎？不知道你們現在年輕人到底怎麼回事，都這麼明顯了還要推卸責任！」

劉經理的這些話讓東士很生氣，他覺得自己在公司辛辛苦苦這麼多年，沒有功勞也有苦勞，別說這文件不是自己做的，就算真是他自己做的，劉經理也應該低調一點吧，不至於要發這麼大的火啊！更何況還當著辦公室這麼多人的面，好歹他也是老員工了，連最起碼的尊重也沒給他。

「你怎麼給我個解釋？不是你做的，上面卻有你的簽名？」劉經理問。

東士雖然已經生氣了，但是他仍然忍下怒火，不卑不亢地對劉經理說：「經理，我想您可能真的搞錯了，我自己做的東西，我心裡有數。您是主管，我做錯讓我認錯是應該的，但是我不能把不是我的錯往自己身上攬啊，我想請劉經理，您還是先把事情調查清楚再說吧！」

聽完東士的話，劉經理一時反倒冷靜了，說道：「你先忙吧，我回去調查調查再說！」等劉經理走後，東士深呼吸了一下，就繼續工作了。

過了幾天，劉經理的秘書Sandy將東士請去了經理辦公室。這下，辦公室裡的同事們開始議論紛紛起來：「東士也真敢啊，仗著自己是老鳥，現在連劉經理也不放在眼裡了。」、「是啊，看他還能囂張到什麼時候！」

一個小時之後，劉經理和東士一前一後地回到了辦公室，劉經理並宣佈：「東士下個月將調到分公司去擔任主任職務。」辦公室的同事一片譁然。

原來，劉經理前幾天的舉動，完全是為了考驗東士的應變能力，看看他在面對「兇狠」的對手時是否能做到不卑不亢、無損公司形象的處事態度。因為他早就想把東士調到分公司擔任主管了，但是當主管最需要的是極快的應變能力，以及與其他公司談判時的沉穩態度。而這幾年來東士給他的印象就是工作踏實、個性沉穩，只是不曉得他在碰到較強硬的對手時，是否能冷靜依舊。所以，他便想出了一個「假戲碼」，而事實證明，劉經理的確沒看錯人。

東士的case證明了職場人的一個大原則，那就是當主管發火時，千萬不要和他直接硬碰硬，對主管還是應該有基本尊重。我們身為員工，應該要認同主管一般都有強過我們的地方，不管是經驗豐富，還是才能超群，對主管都要做到最基本的禮貌與謙遜。同時，主管也是一般人，他喜歡你尊敬他，但不喜歡你害怕他，更不喜歡你那顯得懦弱的樣子，所以在他面前要盡量做到態度不驕不弱、輕鬆自如，那就對了。

對主管「尊重」並不等於「低聲下氣」。絕大多數有見識的主管，是不會重視那種一味奉承、隨聲附和的員工的。因此，在保持個人立場的前提之下，你應該採取的是不卑不亢的態度，在必要的場合裡，你不必害怕表現出自己的不同觀點而絕口不說，只要你是從工作上出發，說的是事實、講的是道理，那麼上司還是會予以考慮的。

那麼，在工作上、在主管面前，我們該如何做到態度既不過度謙卑、又不過度張揚呢？

收買主管心‧Tips‧

面對主管的批評，先冷靜

在職場中，這是經常發生的事情，自己苦心做的成果遭到主管的無情批評或謾罵，這的確是一件令人不開心的事。然而當面對這種情形時，職場人要做的是，不要將不滿的情緒全寫在臉上，而是要讓批評你工作成果的主管知道，你已經明白了他的意思。

此時的態度務必不卑不亢，如果狀態上你還可以說上幾句話的話，就清楚地說明你的原因，並表示希望主管指引你修正的方向，如此的表現才能展現出你的風度、滿足主管的領導慾，讓事情有更好的發展。

讓「主動跟主管談話」變成習慣

作為下屬，不妨試試主動跟主管交談，除了可以當成你的「練習」之外，也能使部屬關係更為融洽。很多人都會認為沒事找主管說話，這肯定有「巴結」主管之意，但其實這跟「巴結」是很難相提並論的。因為在人際關係當中，工作上的討論和打招呼是不可少的，主動與主管談話可以讓你消除對主管的恐懼感，發現對方並不如想像中的可怕或難相處，這對你以後的工作彙報與正常的職場社交能有非常大的幫助，也能使你在任何人面前都能帶有自信地侃侃而談。

職場黃金守則：看得起自己

我們經常會說，做人要有骨氣，在職場中也是一樣，在主管面前要有骨氣（不是殺氣），畢竟只有你先看得起自己，別人才看得起你。從今天開始，就把你的「唯唯諾諾」丟掉。

你可以先練習轉換你的想法，別把升遷和利益得失等的好處都和主管這個人完全連結起來。古人說「無欲則剛」，既然我無求於你，那麼我為什麼要畏畏縮縮的呢？其次，將你的頂頭上司當成普通人對待，主管也是人，他沒有三頭六臂，而人跟人之間是平等的，只有你能先這樣想，才能掙脫束縛的枷鎖，上司也才會覺得你是個可擔當之人，進而信任和重用你。

被主管誤解時，先淡定再說明

每個人都有被誤解的時候，當然在職場上這是很容易發生的事情。如果不幸讓你碰上了被誤會的時候，雖然很難，但你要先學會淡定，學會先忍下怒氣的沉默，學會分析這樣的批評與誤解究竟從何而來。

當受到主管的誤解時，要先從自己身上找原因，以自己的缺點來確認主管的批評是否為真。如此，至少你能先換得冷靜的心，避免直接與主管爭執起來。接著，根據對方提出的問題點，好好地說明自己的想法，無論主管接受你的說辭與否，你都已經為自己發聲了，聰明的主管會知道他該怎麼處理。

說話更動聽，需要你的好聲音好語氣

芝芝任職的公司一週要上班五天，星期六、日還得on call（隨傳隨到），忙的時候還得晚上十點才能下班，工作量極大，而且公司給的薪水也是很一般。但是芝芝卻從來都沒有怨言，因為她知道現在工作不好找，還有很多沒找到合適工作的大學生，更何況她還只是高中畢業。因此，對於能有這樣的一份工作，說起來她還是很滿足的。

芝芝的做事能力沒話說，但就是說話嗓門特別大。生活上，家人和朋友雖然能夠諒解和包容她，但在公司還是不一樣。其實，芝芝的大嗓門經常吵得同事們不得安寧，每當她一說話，她的上司李經理就會皺起眉頭。但是對於大家的反應，芝芝卻是渾然不覺。

她想著：「想在公司穩定地做下去，就不能忽略平時跟主管的來往。」因此，芝芝決定從李經理來下功夫，她深知李經理非常喜歡人家捧她，於是，有一次，芝芝一見李經理走來，便往她耳邊說：「經理！您這身打扮真像大學生啊！」本來一句很受聽的讚美，但在芝芝的嘴裡就變了味，她的大嗓門反倒模糊了焦點。李經理聽了之後沒有表現出高興的樣子，反而驚嚇地說：「哇，別把我震聾了！」芝芝一聽，尷尬地站在那裡不知所措。

由於部門其他同事也曾向李經理反應芝芝的說話音量已經打擾到了大家的工作，不久，李經理便將芝芝調到了倉庫，遠離了辦公室。

職場不同於生活，是一個極具規範的地方，身為職場裡的一員，一定要注意自己的言辭是否合乎情理，說話聲音是否會干擾到他人，語調是否能吸引對方的注意力等。只有加上這些優點，才能在職場中如魚得水，悠哉遊哉。

其實，我們說話的聲音、語調與想法，在工作時都很重要，一個說話動聽、聲音鏗鏘有力的人，勢必會讓人喜歡跟他說話。因此，每個職場人都應該要訓練自己的說話方式與說話音調，讓自己的聲音聽起來舒服又動聽。

那麼，說話時該注意哪些地方才能擁有悅耳動聽的好聲音呢？

收買主管心 Tips

說話時，音調不要拉太高

有些下屬在向主管彙報工作時，為了讓主管覺得自己有精神，或是聽得清楚自己說的內容，就會刻意拉高音調，認為高亢明亮的聲音對方才能聽得更清楚。其實，一味地往高音走，會讓喉嚨越來越緊，聲音聽起來就會讓人覺得不舒服，像是發出令人厭煩的刺耳聲。

其實，為了保護嗓子，也為了讓別人聽起來舒服，我們的音量應該適中，喉嚨適時地放鬆，吸氣不要太過飽滿，用自然而親切的聲音與人交談，這樣的說話方式才能讓對方覺得舒服、輕鬆。

說話時，要中氣十足

在職場中，有些下屬因為懾於主管的壓力或迫力，往往會在彙報工作時，顯得中氣不足又膽怯，讓主管怎麼也聽不清楚。試想，如果下屬說話時唯唯諾諾，聲音一出就好像陷進了棉花出不來，勢必會讓主管大動肝火。

另外，有些人由於呼吸方法不正確，導致說話時中氣不足。這時，就要學會調整，像歌手一樣用丹田呼吸，就可以增加說話的中氣。此外，在調整說話中氣不足的問題時，可以試著說很長的句子，練習斷句也可以減少氣不足的狀況。

說話時，把你的猶疑不定收起來

有些下屬因為自己的謹慎小心，說話時經常會出現：「嗯……」、「呃……」、「這個……」等猶疑不定的發語詞，這樣的開頭肯定不會受主管歡迎。一般來說，上司都喜歡簡潔、有力、乾脆的聲音，不喜歡這樣含糊，讓人聽起來不知道在說些什麼，毫無生氣又消極的聲音。

職場人多半都認為這樣的說話開頭是表示自己正在思考中的意思，並沒有什麼不妥的感覺，但是聽在對方的耳裡，感覺可就不是那麼「清爽」的了。職場不比於親朋好友間的飯局，可以隨便「嗯啊……」的說話，更何況面對的還是你的頂頭上司。因此，想要讓自己說的話更有說服力，下次說話就捨棄掉那些多餘的發語詞吧！

說話時，拿出精神和熱情

說話要有精神和熱情，如果你每天都死氣沉沉地，或是不帶任何情緒地與主管說話，那麼上司必定會覺得你做事無心、個性呆板、看來沒有精神，這樣的人又要如何影響同事們的正向思考呢？上司又怎麼會願意委以重任呢？

因此，在職場中，當你需要向主管告知事情、彙報工作時，你的聲音一定要清楚有精神，給人一種充滿活力的感覺，讓主管感受到你的積極與勇往直前。

快人快語，也是NG

有些職場人天生就是快人快語，無論跟誰說話都不會停頓，快得讓人來不及思考。但其實，這種說話方式不太討喜，一般說話過快，會讓人覺得這是不體貼對方的表現，或是想將事情快速帶過、給人模稜兩可的感覺，就算你是天生說話就快的人也要改善。

其實，就算你有說話快的本領，對方也不一定有聽話快的本領。無論是向主管彙報工作，還是一般的聊天，最重要的是讓對方能夠明白你所說的內容，如果他聽不清楚、聽不懂，那你就是白費唇舌。

所以，說話快的人一定要調整自己不良的說話習慣，你說一句，就要讓主管聽懂一句，不要別人還沒聽懂，你這邊卻已經說完了，否則就是浪費了雙方的寶貴時間，可能還會引起對方的不快。

語調與說話內容要一致

說話的語調能反映出一個人的情緒起伏與態度，無論你正在和主管談論什麼話題，都應該視交談的內容注意你的說話語氣是否正確。

在職場中，以一個恰當的語氣跟上司交談，是需要注意的重點。例如，當你向主管彙報重要工作時，你只需要將過程與結果完整清楚地表達出來即可，不需要說過多的贅詞，假設一個難以收拾的結果，你卻說得相當愉快，這就表現了你對工作的不重視。

再如，主管問你是否能完成一件較困難的工作時，你可以用一般速度並提高音量回答：「嗯，我可以試試。」，如果此時你輕聲回答：「嗯……我大概可以試試」就會明顯感覺到中氣不足，給人沒有自信的感覺。所以，與上司說話時，一定要注意語氣問題，讓交談的內容與語氣相符，才不會顯得你「沒有心」。

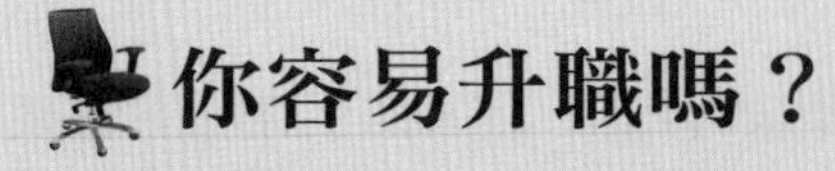

你容易升職嗎？

有一晚，你在遙遠的異鄉小鎮上疲憊地走著，飢寒交迫。此時走到一條街道，大約兩公里，街道的兩側滿是住家，只有三三兩兩的燈亮著，門前招牌寫著民宿或食堂。放眼望去，能看見的也就這三四家。此時，你會選擇哪幾家店投宿和吃飯呢？

A. 最近的這一家，老闆娘漂亮風騷，不過店面一般，其他條件也一般。
B. 稍遠的店面，老闆娘小家碧玉，有幾道招牌菜，店裡看起來很乾淨。
C. 再遠一點的店面，老闆娘有獨特的氣質，門把上是兩隻雄獅，門前還有兩個壯漢熱情招呼。
D. 最遠的那家，老闆娘樸實有禮，有家常菜，還有一壺溫好的清酒。
E. 在第一家店吃飯，到第四家店住宿。

選擇 A： 有上進心，可是總會受到身邊太多事物的誘惑和干擾，不能堅持到底。面對升職的機會，往往不能及時把握，對現有職位抱有不滿，卻沒有勇氣立刻改變現狀。大多徘徊在一般職員階段。**忠告：專心地做一件事情，排除身邊的干擾。**

選擇 B： 比較有耐性，對前途有自己的規劃，並且能有條不紊地向著目標前進。面對升職的機會，通常會仔細考慮，權衡利弊，能抓住機會，但是因為過於在乎得失，缺少大將風度，升職的空間是有限的。多數徘徊在課長、部門經理階段。**忠告：得到之前必須失去，不能太計較。**

選擇 C：考慮問題有獨特的觀點，做一件事情通常喜歡有模有樣，喜歡大器的工作氛圍，敢於任用有特殊才能的人。對職務的掌握能力比一般人強，喜歡自己周遭都是地位顯赫之人，想更融於其中，對升職的慾望較大，一有機會，決不放過，處處有心。通常在副總階段找尋出路。**忠告：慾望需要控制，多數人都不喜歡太猖狂的後輩。**

選擇 D：喜歡踏實地工作，踏實地生活。對工作的認識僅限於工作，對家庭的期盼遠大於對升職的渴望，認真地對待每一件事情，是個不折不扣的好員工，可惜較缺乏組織和領導能力。通常擔任副手的角色，或是研發人員。**忠告：工作可以充滿熱情，試著調整自己的心態。**

選擇 E：是個活躍人物，通常能讓上司有面子。喜歡享受人生，但是不會忘記提醒自己的最終目的為何。做事情的目標明確，喜歡衡量、算計，會充分利用自己和周邊環境的優勢，面對升職的機會時，也會牢牢抓住，甚至自己製造機會。深謀遠慮，步步為營，很有潛力，即使現在不在領導地位，將來也大多會持續升遷。**忠告：小心機關也會算盡，多留點餘地給別人。**

Chapter 2

老牛也要當喜鵲，說好話討主管歡心

——拍馬屁不露痕，讚美要很真誠

上司都不喜歡不明所以地被奉承，但卻沒有誰不喜歡真誠的讚美的。在職場上，做好「老黃牛」是基本的工作態度，但你更要有當「喜鵲」說好話的本領才是。「讚美」和「虛偽」只有一線之隔，說得自然、發自內心就是好讚美；而說得盡露破綻就成了壞奉承。簡單來說，讚美要「真心」、拍馬屁要「真誠」，而那些沒心的瞎捧話就別說了吧。

背後的讚美，勝過當面說主管好話

承信是一家醫療器材公司的業務部經理，他卓越的領導力為公司帶來了不少利潤，但是他的個性卻有些古怪，雖然喜歡聽別人說他好話，但他自己又表現得太過冷靜，讓他的下屬總是不知如何反應。

以前，每當承信談成一筆生意的時候，他都希望得到下屬們的吹捧。剛開始，他只要聽到下屬的稱讚，就會很得意，非常享受。但時間一久，承信就覺得他們不過是口頭上說幾句好聽的，並不是真心地這樣想，甚至還會有「例行公事」的感覺。所以，每當這種時候，承信反而會覺得很不是滋味。

之後，就算下屬們把承信捧上天、誇上天，他也都不以為然，不會露出半點高興的樣子。於是，現在每當承信又談成一筆新訂單回到公司時，下屬們反倒如履薄冰，不曉得到底是稱讚好，還是悶不吭聲好。

公司裡有一名叫信雄的老員工，由於當業務當久了，練就了一雙火眼金睛，他很快就摸清了承信的心思。於是，他想到了一個特別的方法。

過了一段時間，承信又談成了一筆大生意，他高興地與下屬們開起慶功宴。而信雄並沒有像其他員工那樣，說些無關痛癢的奉承話，而是悄悄地對身旁的同事世宣說：「一般的主管都喜歡人家去捧他、抱他大腿，但是你看我們楊經理就不是這樣，他只在乎公司的業績，而不去想是不是能得到什麼好處。」世宣也附和道：「是啊。」後來，信雄的這番話被其他人傳到了承信的耳裡，承信非常高興，他心想：「看來，懂我的人只有信雄了。」

又有一次的休息時間，信雄跟同事小方閒聊，也故意說道：「楊經理真的很厲害，做事效率高，而且什麼樣的訂單在他面前都是小case，還把客戶弄得服服貼貼的，能在他手下做事，連學費都免了！」沒想到這幾句話又傳到了承信的耳裡去了。

不久，信雄就受到承信的提拔，並經常受到承信指導與客戶來往的秘訣，信雄的職場生活當然也就更加如魚得水了。

信雄之所以被信任、被照顧，在於他懂得在背後讚美主管的好。他深知，在背後讚美上司，遠比當面恭維上司的效果好得多。同時，他也有把握他說的話很快地就會傳到主管的耳裡。

熟悉這招的人，無論是面對多麼不稱職的主管，他都能在上司身上找到優點，並且在背後進行「讚美之功」。別忘了，人群之中總會有幾個主管的探子，他們多多少少都會把得知的情報傳進主管的耳裡。試想，如果你當著主管和同事的面讚美主管，那麼你的同事通常就會認為你是在討好主管、拍主管馬屁，事後很容易遭到同事們的蔑視（甚至在背後圍剿你）。而且你的上司也可能會因為你這樣大剌剌的讚美，覺得你是不是別有居心，於是你得到的是反效果。

那麼，想收到在背後稱讚主管的成效，具體上到底該怎麼做呢？

收買主管心·Tips·

先找出主管的閃光點

有些職場人雖然瞭解在背後讚美上司會比當面讚美有效，但是他卻「做事做一半」，沒有找出上司真正的閃光點就胡亂說話、隨便稱讚。心想，反正主管沒在眼前，就算把別人身上的優點移到主管身上說也沒關係，有稱讚就有效了。

但是，這種想法是大錯特錯的，如果主管真有你誇獎的那些優點，那麼他會很開心；如果沒有的話，他反而會覺得有些尷尬，說不定會想：「我真的有這樣嗎？還是他在反諷我啊？」一旦主管浮現這樣的想法時，那麼估算這名員工的日子可能就不會太好過了。

其實你該做的是，先找出上司真正的優點，然後在背後真心地讚美他一番。每個人身上或多或少都有優點，只有找到真正的優點讚美才會是好的讚美，如果以為隨便說說對方就會當真的話，那收到的反效果必定比當面讚美更不值得。

主管身邊的探子都是你的傳信鴿

多數主管身邊都會有一個「愛將」，或是部門裡與他接觸較多的「紅

人」，又或者是一些不易被察覺的探子，以幫助上司瞭解下屬的「心思」和「工作狀態」，能幫助主管出謀劃策。有時候，我們會參加一些活動應酬，面對的人不只是自己同部門中熟悉的同事，像這種時候，就要更加留意，因為此時一個不經意的批評，很容易就被擴大渲染到主管的耳裡，這就是所謂的「惡事傳千里」。

既然已經知道探子的重要性，我們不妨就來個「借力使力」，讓讚美的傳言傳播出去，傳到上司的耳裡，既自然又真誠地讓上司聽到你對他的好言好語。因此，在有探子的地方，不要吝嗇你的好話，讓傳信鴿免費為你服務，進而達到提升上司對自己好感的目的。

在別的部門，也將主管的好話傳千里

在背後讚美主管這一招，不只可以在自己部門的同事面前使用，當然還可以擴大到其他部門，這樣達到的效果更好。如果主管知道自己的員工在別的部門還不遺餘力地說他好話，不用說，主管對這樣子下屬的好感度將會直線飆高。

因為一般人都會有這樣的心理狀態，如果自己的一些優點或事件，被一些不熟的人廣為宣傳的話，那自己當然會覺得特別滿足、開心了。主管也一樣，如果自己的好被其他部門的同事所熟知、讚揚的話，那麼提這件事的人當然也會被主管在心底記了一個大功。

你也應該贏得其他部門同事的好感

雖然主題是提升主管對你的好感，但我們說「多一個朋友，就是少一個敵人。」因此，我們也必須耕耘與其他部門同事的交情。一樣是使用讚美這一招，當你遇見其他部門的同事時，不管是誰，都不要忘記讚美他們幾句。讚美的內容可以是最普通、最常見的。例如，他們的穿著、他們的氣色，甚至看到他心情好，也不要忘了寒暄幾句「發生什麼好事了？」。

不過，這種時候應該在私下比較恰當，因為如果你在大庭廣眾之下大聲地寒暄或讚美，可能會讓對方產生自己被同事注目的尷尬感，讓對方不自在，這樣的效果反而不好。

如果你跟其他部門的同事感情都不錯，那麼主管多半會認為自己的員工個性不錯、社交關係良好。但要注意的是，過與不及都不好，不要和其他部門的同事、特別是他們的主管走得太親近，因為這可能會讓自己的主管不是很開心。

讚美別刻意，從重點入手就可以

孟宣是一家紡織公司的行政助理，她的工作內容雖不困難，但她做事認真、積極，還很機伶，很受她的頂頭上司孫經理的喜愛。孫經理是一個事業心很強的職場女強人，因為生活都被工作占滿了，因此至今未婚，生活中似乎也沒什麼可以談心的朋友。

有一天，快要下班的時候，孟宣突然接到孫經理打來的內線電話：「孟宣啊，下班之後陪我逛一下街吧！」孟宣聽得出來電話裡主管的語氣雖然很平常，但感覺上還是帶了點命令口吻。作為孫經理的助理之一，她自然不敢拒絕，便一口答應了。

下班之後，孟宣背起包包就走出了辦公室，迎面碰上孫經理走過來。孫經理今天穿了一件短皮衣外套，裡面配上紫色底碎花連身裙，手上拿著白色優雅的小提包，腳上穿的是一雙漂亮的高筒靴。孟宣把眼睛睜得大大地說：「您今天穿得真漂亮，是新衣服嗎？」

孫經理一聽，開心地說：「哪有呀，都是以前買的，沒怎麼穿過，你覺得這樣穿OK嗎？」孟宣驚訝地說：「很漂亮啊經理，怎麼不早點穿呢？以前買的衣服，現在還能搭得這麼時尚，這麼好看，您真是什麼都專業啊。」孫經理聽得心花怒放。

孟宣接著說：「像我就不怎麼會搭衣服，買衣服也都是喜歡就買了，經理您教我幾招吧？」

孫經理一聽，精神都來了，開始大聊自己的穿衣經，孟宣則是不停地表示受教了的應答著，兩個人相談甚歡地來到了百貨公司。

她們走進一家名牌時裝店，孟宣抓準時機地拿起一件小外套對孫經理說：「經理，您看這件外套我穿適合嗎？」，孫經理接過衣服，在孟宣的身上比了一下，說：「這外套顯得你的皮膚比較黑，不太適合。」，於是孟宣趕緊放下說：「嗯，果然還是請經理看比較保險。」

接著，她們又走進了另一家店，孟宣正在看衣服，聽到孫經理叫她：「孟宣，你過來一下，你看我穿這套衣服怎麼樣？」，孟宣看得很仔細，然後說：「嗯，很適合，既漂亮又優雅，您穿這樣子，讓我想到了一個人呢。」，孫經理問：「誰呀？」，孟宣不假思索地說：「那個奧黛麗赫本呀。」於是，孫經理便笑開懷地說：「孟宣啊，你真是會說話呢。」

從百貨公司買完衣服出來時，可能是逛累了的緣故，孟宣和孫經理都有些沉默。但孟宣覺得不該沉默太久，於是她又對孫經理說：「經理，我覺得看您的身材，說您是大學剛畢業人家都會相信呢。唉，反倒是我看起來就像是老起來放呢。」孫經理一聽不禁笑出聲來，兩人聊得更起勁了。

從那次之後，每次孫經理逛街，都會讓孟宣陪著，這也表示孫經理更喜歡她了。

在職場中，下屬多半都想和主管拉近距離，讓主管信任自己、對自己有好感。但是，讚美也是需要技巧的，如果你刻意讚美，反倒會讓主管覺得你很虛偽，不能信任你。

像文中的孟宣那樣，她瞭解到不能刻意地讚美，反倒是心裡有什麼感覺便說什麼好話（如果你心裡浮現的不是好話，那麼就以別處當稱讚點吧）。

每個人都喜歡聽到稱讚，在職場上，其實只要下屬多運用一些讚美的策略（或招數），讓讚美聽來不生硬和過度刻意就夠用了。

一般來說，上司經常會聽到很多讚美，長時間下來多少會有「膩了」的感覺，如果此時你的稱讚仍然不脫一般的俗路，還帶有那種說不習慣的「刻意」，那麼肯定是不受用的。

那要怎麼稱讚才顯得不那麼刻意呢？以下提供幾點建議給讀者朋友們參考：

收買主管心 Tips

稱讚重點一：先調整自己的心態正確

多數人會認為，讚美充其量就是個「場面話」，但是在這裡我們要適當地修正這樣的錯誤觀念。因為，如果光是一句讚美就能讓對方開心一整天，你自己也開心，能讓社交關係更融洽的話，那麼，你又何樂而不為呢？以正向方式思考，「讚美」也能帶給你人際關係的和諧。

而場景換到職場，有一個重點要特別注意了，那就是當你要讚美主管時，要先思考一下，這樣的讚美，主管聽了是否會相信？其他同事聽了是否會不以為然？一旦答案有可能是負面的，那麼再想想你有沒有足夠的理由證明自己的讚美是有根據的，否則，不說也罷。

稱讚重點二：用「大家」表達你的敬意

在職場中，上司免不了常聽到他人的稱讚。這時，你可以試試借「大家」的口來表達你對主管的敬意，這也是一種不刻意的恭維。

眾人的稱讚總比你單獨一個人的讚美來得更有力量。例如，在稱讚主管時，你不妨說：「您的寬容大度是大家都知道的，我們都覺得您以身作則教了我們很多事。」、「大家都說您把這件事處理得很好，也因此沒有人被老闆責罵。」等。也許你會擔心這樣做是不是會分散焦點，但是實則不然，上司會因為你這樣說而覺得更開心、更能相信了。

稱讚重點三：用羨慕表達你的讚美

不刻意的讚美還有另外一種方式，那就是表現出你的「羨慕」。如此既不生硬，又能達到讚美的目的。例如，你的上司家裡房子很大，你就可以說：「真羨慕您啊，住這麼大的房子，一點壓抑感都沒有！」又或者是，主管的手機是剛上市的新款手機，那麼你便可以說：「您的手機款式好新啊，感覺很方便，看了我都想去買了呢。」

使用羨慕的語氣來表達讚美，不但一點都不刻意，而且還很有用，馬上就試試看吧！

讚美夠具體，對方才甘願買你的帳

凱倫在一家物流公司上班，公司很大，他想在公司好好發展。於是，他看了很多關於職場人際關係的書，並且想透過會說話、會讚美的討好方式來獲得主管的好感。

而凱倫也確實非常努力在自己的工作上，幾個月下來，各方面都表現得相當好。一天下午，董事長吩咐秘書將凱倫叫進辦公室裡，詢問一下他最近的工作狀況。凱倫一看機會來了，於是他謹記書上寫的招式：「具體化飛刀」，意思就是，不能籠統地說某樣人事物：「漂亮，很漂亮」，而是要具體地說出究竟是哪裡漂亮，或是喜歡和欣賞哪個地方。

當秘書帶著凱倫進入董事長的辦公室之後，凱倫看到蔡董正伏案練著毛筆字，他走進一看，便說：「您這字寫得剛勁有力，特別是『致』字這一捺，有王羲之的風格啊。」蔡董聽了，大笑說：「哪有啊，我也是剛練沒多久。」

接著，蔡董要凱倫坐下，問道：「工作怎麼樣？我聽你們部門主管說，你非常認真，是個難得的人才，我們公司最需要的就是像你這樣的年輕人了。」凱倫接著說：「謝謝蔡董誇獎，也謝謝您給我這個機會，我很喜歡這份工作。」，蔡董笑了笑說：「那工作環境覺得怎麼樣？」

凱倫說：「嗯，大家都很好相處，蔡董您感覺起來很有威嚴，但是卻非常親切。」，蔡董有些高興：「認識我的都這麼說。」，凱倫便緊接著稱讚：「您真是厲害，能管好這麼大的一間公司。」

兩個人聊著聊著，走近了窗邊的小陽臺，凱倫在陽臺邊看了一下子，便說：「這花草都長得很漂亮，枝葉茂盛的，我母親也喜歡種一些植物，不過每次到最後都養死了。蔡董，我發現您不但人管得好，就連植物您都管得很好啊！」

蔡董聽了凱倫的一番話，非常高興，又透過幾次交談，蔡董越來越喜歡凱倫了，沒多久時間，凱倫就被納為他的助手之一了。

每個人都喜歡讚美，老闆和主管也不例外。俗話說：「良言一句三春暖，惡言傷人六月寒」，好話永遠讓人愛聽，讓人受用。當我們在讚美主管時，你要有意識地說出一些明確的地方，而不是空泛、含糊的那種膚淺的讚美，具體的話語才有說服力和影響力。例如，你與其稱讚主管：「您真漂亮」，不如說：「您皮膚白，眼睛又大，又瘦又高，很像網拍模特兒呢。」如此的讚美必定讓主管難以忘懷。

而想具體地說出「有料」的讚美，你可以試試從以下幾個方面去做：

收買主管心·Tips·

準備！平時就儲備讚美的素材

不是只有在「大事件」發生時才能讚美，想學會自然地讚美上司，就要從平常的小事開始練習，事情無關大小，能發揮作用最好。

也就是說，在平日繁忙的工作中，職場人一定要留心主管可讚美的地方，要習慣去找出、挖掘出讚美的素材，看到小事背後好的意義、好的優點，即便當下說不出口，或是時機不對無法插上話，但在下次聊天之時，便可以以「上次您……」作為主題，自然地展開稱讚了。

中肯！說人家好話也要合理

每個人都喜歡人家稱讚他，公司裡的上司當然就更喜歡了。為了表現出他的厲害之處與高人一等，上司們多半喜歡下屬給他戴幾頂高帽，特別是地位越高者越會覺得被稱讚是一件理所當然的事。所以，職場人就要因應上司的這種心理，多表示點讚美與敬佩。

說好話當然沒錯，有其必要性，但也要合理，就像你送給主管戴的高帽也要適合他的頭型才行。如果你的好話不合理，既不是事實、又誇大效果的話，就有可能適得其反。

當你一旦對主管讚美得天花亂墜、言過其實，就會讓主管認為你是不是個只會耍嘴皮子，辦事卻不夠牢靠的員工。記得，沒有好理由就不去恭維，從來就不要隨隨便便跑去稱讚上司。

新奇！找主管不顯眼的地方讚美

在一般情況下，主管身上最顯而易見的優點，估計早就被讚美過幾百次了。如果你仍然在同一個點上說好話，那麼對方也許會覺得你的讚美無關痛癢，沒什麼值得特別高興的。所以，職場人要注意，當我們在稱讚上司時，與其稱讚他大家都看得見的優點，不如努力發現他最不顯眼的優點，甚至是連他自己也未曾發現的優點，這樣的效果才能加倍。

如果你跟其他人一樣，說來說去也只是那幾種，那也只會讓上司厭倦和無感罷了。而上司身上最不顯眼的優點，因為從未、或是很少有人發現，因此也就顯得更「稀奇」了。你的細心能讓對方覺得驚喜，也增加了他認識你的機會，或許還會因為你的觀察力敏銳而對你器重一些。

清楚！有誠意的好話，就要夠具體

在職場中，如果你稱讚第一次見面的上司就說：「我覺得您很厲害。」，如此，這句話就一點意義都沒有，因為它無法讓人留下更深刻的印象。

但是，如果你換個說法，這樣稱讚的話：「王經理，我真的覺得您非常厲害（＊稱讚完接著舉例），不管多難搞的客戶，只要到您手上，他們就沒有第二句怨言。像上次那個陳太太，要不是您幫忙，我們肯定被整得焦頭爛額還拿不下她那筆訂單。還好有您這樣的主管坐鎮，我們真的是很幸運。」像這樣具體又「切中要害」地說主管好話，他會非常愛聽，肯定也會更照顧下屬。

而一些「套在誰身上都可以」的讚美之詞，你說了跟沒說是一樣的效果，現在就把這些老梗丟棄在腦海裡的垃圾桶吧！例如：「您真好」、「您是我遇過最好的主管」、「沒有您不行」等等這類的讚美，多半會被主管看成是常規的場面話，還不具有任何特別的意義，甚至會認為你對他並沒有認真的瞭解。

因應！說好話也要配合主管的個性

每個人都有他的個性、喜好，主管當然也有他的行事作風和習慣。讚美主管時想「一針見效」，你就要先摸清楚主管的個性和想法。作為下屬，只有真正地摸清了上司的個性，溝通起來才更容易，雖然瞭解個性這件事情需要花費一點時間就是了。

當然有人會認為，摸清主管的個性，是為了自己的好處而低俗地迎合主管，但其實這是非常大的誤解。這就像學生時代與同學分組做報告一樣，會依照大家的專長與個性分配工作，活潑的負責訪問，文靜的整理結論，不喜歡上台報告的就找資料。而職場也是一樣，在較為清楚主管的個性之後，我們才能溝通得更有效，不浪費彼此的時間與精力，能更好地處理好溝通問題，做好自身的工作。

舉例來說，面對個性較為低調的主管，你可以私下表達你的敬意；喜歡大鳴大放的主管，你就可以誇張一點地稱讚他；個性嚴謹的主管，你就必須正經的表現你的敬佩之意。如此，跟對的人說對的話，才會達到「讚美」的最大效果。

2-4 讓人飛上天，稱讚的注意事項

陳局長非常擅長書法，這是警局裡上上下下都知道的事情。

一天，部下正益受邀去陳局長家裡吃飯，寒暄過後，話題很快就落在了書法上面。說到自己狂熱的興趣，陳局長馬上將自己滿意的書法作品拿出來，讓正益欣賞欣賞。正益看到之後，像是發現新大陸一樣地說：「哎呀！局長的字寫得跟傳說中的一樣好啊！我真是大開眼界了！」局長聽了謙虛地說：「哪裡哪裡，這只是胡亂塗鴉罷了。」

「局長，這幾年我也寫起了毛筆字，但是一直沒什麼進步，我想應該是不得要領吧，今天能請您稍微透露一點『秘訣』給我嗎？因為您的字實在是太美了。」正益虛心地提問。

「你也喜歡書法呀？那太好了！」陳局長興致一來，就滔滔不絕地傳授起了他的「書法經」來。「我啊，寫這些字最大的體會就在於三點：眼到、心到、手到。所謂的眼到呢，就是多看看名家的作品，要觀察入微，看個仔細；心到呢，就是寫字一定要有恆心，千萬不能『三天打魚，兩天曬網』，那都沒用；而手到，指的就是多寫了，只有多練習才能在字裡行間內體會到字的真義，這是別人無法教給你的實際感受。」

正益聽了高興地說：「那我一定就是看得很少、寫得很少、加上沒有耐心了。現在得您『致勝秘笈』，相信我苦練這三招之後，必能大有長進啊。」

兩個人聊得相當投緣，陳局長很開心，在正益離開時還送了幾幅字帖讓他臨摹。

上司當然喜歡來自下屬的稱讚和景仰，文中的正益對陳局長恰到好處的讚美，使得陳局長像碰到知音一樣，樂得飛上天了，進而對正益的好感度也提升了不少。

從古至今，那些善於讚美和恭維的下屬總能得到上司的提拔，而那些避開主管、不親近主管的下屬雖然「勞苦功高」，但卻常常乏人問津，只能辛酸暗自吞。

其實，說開了，人與人之間的相處就是一個「情」字，只有將這個「情」字發揮效果，我們才能跟人相處得更好。而下屬從上司那裡得到的，也將會是「甜」，而不是「苦」。

如果你想要得主管歡心，以下是讚美的注意事項，提醒你可別恭維過了頭，反倒成「小白」了：

收買主管心·Tips·

恭維，要看好timing

誰都有不順心的時候，更何況是公務繁忙的上司。當主管清閒，能夠好好聽你說話的時候，你可以多稱讚他幾句，那麼對方會很高興；但是當他手邊正忙時，如果你不知變通地硬要在這時候說些不著邊際的讚美，那麼對方要不覺得你煩也難了，這種時候還不如不說。

在想對主管說幾句好話時，記得要先看好時機，看現在是否適合與對方掏心、並說上幾句稱讚，如果不適合，那麼還是先把話吞下，等合適的時候再說出口也不遲。

恭維，不要過度渲染

很多人在稱讚別人時都會有一個通病，那就是「說得太誇張」。這裡要說的是，恭維主管當然要更注意分寸，誇張的讚揚會讓人覺得虛假噁心。

例如，明明主管寫的書法一般般，他自己心裡也有數，反倒你卻在那裡大說特說：「您這字寫得比王羲之還棒，可以拍賣了！」；或者主管是位未婚熟女，長相一般般，而你卻經常對她說：「您的臉這麼小，林志玲還比不上呢！」諸如此類言過其實的讚美詞，只會讓主管感到不舒服，還是別用的好。

恭維，別去讚美主管忌諱的事

有些人想恭維主管，但偏偏思考不夠周到，會常「白目」地說些主管忌諱的事情。

例如，上司明明已經很難堪於自己的禿頭，但你卻偏偏自以為幽默地說：「您的腦袋可真靈光啊，比我家的燈泡還亮呢。」；又或者是主管自卑於自己年少時候的經歷，而你偏說：「您年輕的時候吃了不少苦，家裡環境也不是很好，您的努力真是我們該學習的榜樣。」你覺得你說的話應該很真誠，但殊不知，你已經踩到了主管的大地雷。我們說，對於主管自己不願意去提起的事，你就該閉上嘴，不要拿它當話題，特別是拿來當讚美的主題。

恭維，不需要只稱讚主管的拿手戲

將「說好話」的功夫學到手，是一件費神費力的事情。看似簡單，但裡面的名堂可不少，如果說話功夫不到家，那麼讚美既有阿諛奉承之嫌，還不能讓主管開心，那就完全失去它的意義了。

每個人當然都會對自己的愛好瞭解得最多，這就是我們說的「愛什麼就懂什麼」。例如，主管愛好書法，那麼他必定擁有豐富的書法知識；他愛好游泳，那麼他的體能狀態必定很好。

基於這個原因，我們可以有更好的做法，你可以虛心地討教他興趣裡的知識，雖然他必定滿懷欣喜，熱情地向你傳授一番，但其實，我們不一定都要從恭維上司的愛好如何如何開始，這樣的話題他必定也聽得太多，像一陣風吹過耳邊，在腦海裡沒留下一點痕跡。如果你心有餘力，不妨試著開發主管身上其他能夠讚美的地方。興趣，聊得適可而止就夠了。

用讚美開頭，指出主管錯誤更容易

瑩齡大學畢業之後，回到了老家台南，做3C產品的銷售工作。

每週一是全體員工開例行會議的日子，張經理會做接下來一周的工作安排。例如這禮拜的會議主題是，他們計畫在工業區的附近社區做新款3C產品的宣傳推廣活動。大家各抒己見，卻又看著經理，張經理當然也想直接做出結論而不浪費大家的時間。

於是他說：「好，就這麼決定了，這禮拜我們開始在附近社區做這款新產品的宣傳，大家照舊分配各自的工作，有問題立刻回報，那麼散會。」但是對於張經理的最後決定，瑩齡不能理解，這麼重要的新產品推廣計畫，怎麼能在完全沒做市場調查的情況下就草率決定了呢？於是瑩齡還沒等眾人散會，就直接提出了反對意見。

「張經理，您的決定太草率了吧，我們是不是應該先做個市場調查，再做決定呢？」瑩齡直率地說。

張經理一聽到「草率」這兩個字，就像是被刺了一下，大聲地回道：「做事情就得速戰速決，更何況現在市場競爭這麼激烈，如果還等你什麼都調查好了，才要開始準備、開始宣傳，那菜都涼了。瑩齡啊，你還太年輕了，這方面你要多跟市場部的又任學學啊！」說完，張經理頭也不回地走了。

沒想到，後來張經理確實沒有進行原本決定要做的社區宣傳，而是轉而進行市場調查，但更奇怪的是，原本由瑩齡負責的市調工作，張經理卻全權交給了市場部的又任。瑩齡對此非常不解。

於是瑩齡跑去詢問又任事情的來由。原來，對於張經理的決定，又任與瑩齡有著同樣的看法，但與瑩齡不同的是，又任並沒有直接指出張經理的不對，而是私下找張經理說：「經理，我非常佩服您一向果斷的作風，每次都能讓我們乘勝追擊。但是，這次我們的這款3C產品屬於高價位的商品，而工業區附近的社區多半都是受薪階層的小家庭和一些外籍勞工，就怕我們費了功夫而成效不佳呀。」張經理覺得又任的意見非常有道理，於是決定採納，並把調查工作交給了又任。

瑩齡此時恍然大悟，原來又任用先揚後抑的做法，輕鬆地就改變了張經理的想法，讓瑩齡覺得非常沮喪。

瑩齡與又任是一樣的想法，但卻以兩種不同的方式來表達，聽起來的感覺就是不一樣，自然結果也就天差地別了。同樣是希望張經理先停下宣傳的活動，瑩齡用直接的方式表達，指出張經理行事「草率」，這種方式當然會讓人覺得不受尊重。其次，讓張經理在下屬面前沒有尊嚴，那他肯定不會接受的。

又任則用完全不同的方式，他先用讚美的話肯定張經理，以此作為建議的開端。這種方式，讓張經理覺得自己是被下屬尊敬的，只是在這件事的看法上有些不同而已，讓張經理覺得有可以商量的餘地，然後在聽完又任的想法之後，覺得確實有道理，當然就會欣然同意了。

在職場中，主管和下屬意見不一致的情況天天都在發生。如果下屬因為與上司的意見不一而與其發生爭執，甚至覺得自己就是對的而得理不饒人的話，那無疑就是挑戰了上司的權威，讓上司下不了臺，這不用說，就是將自己逼上了職場生涯的死路。當你和主管意見不同的時候，你該採取的是「先甜後苦」的溝通方式，先肯定對方的心思，讓主管的心情不受影響，再讓他聽取你的意見，進而認同你的看法，具體可參考以下的做法：

收買主管心·Tips·

試著站在主管的立場上著想

誰都不是萬能的，你的上司也是一樣。當你在指出主管錯誤的時候，不要光想著這是主管的失誤問題，你要能試著設身處地為他著想。以關心、體諒來代替批評，換位思考，用主管的角度思考問題。先肯定主管考慮到的優點，再說出自己的想法，這樣主管會更容易接受，同時也會對你有更好的印象。

用提醒代替直接批評

主管不小心犯了錯誤也是常見的事，如果你的主管在會議上犯了某個錯誤，那麼此時的你應該要婉轉地提醒主管，而不是當眾指出主管的錯，不留任何情面。

同時，在提醒主管時，也不要太過直率，應該點到為止，如果你表現得太過，會讓主管認為你在表示自己比他還懂，那麼就算你的意見再對、再正確，都不會是充滿善意的，主管也不會感激你一分一毫。

批評最好在私下說

每個人都不喜歡被批評，特別是當著眾人的面，更何況你要批評的對象是你的上司。所以，當主管出現顯而易見的錯誤時，你要將批評的話留在私下告知，而不是當著大家的面道出主管的不是。如此既能顧全主管的面子，又能表現出你的細心。

此外，在指出主管錯誤時，一定要注意說話的語氣，要用「委婉」的語氣、「建議」的方式指出主管的不足之處，這樣更能得到主管的接受，對彼此都是好的溝通方式。

批評不變的法則：先肯定，後否定

我們在指出主管不足時，不妨採用故事中的方法，即「先肯定，後否定」的方式。在主管犯了錯誤時，先肯定地表示你明白主管的想法及這樣做的成效。你可以幽默一點地說，或以誠懇的態度說出你的觀點，然後在意見相異的問題上說出主管的不足之處，這樣對方較不會反感，並且還能同意你的觀點。

2-6 說聲謝謝，最好的讚美是感謝

建華失業了，他開始工作沒多久，就因為經驗不足和業績始終拉不上來，還沒過試用期就被辭退了。為了生活，建華不得不再去找工作，但是半年一晃就過去了，他還沒有找到工作，這讓他非常焦慮。

這天，和往常一樣，他在人力銀行的網站上搜尋公司徵才的情況。他看到一家軟體公司要徵程式設計師，薪水和福利都不錯，離家裡也蠻近的，他一下子精神都來了，急忙mail自己的履歷過去。隔了幾天收到通知，表示希望他前去面試，於是，他將公司的地址抄下，隔天帶著履歷就出門了。

建華到了這家公司，發現面試的人非常多，顯然這個職位很搶手，大家都想要。面試時，建華與面試官進行了簡單的交談，接著，對方通知他下週一進行筆試，並交代了一些注意事項。結束後，建華走出了公司，回家準備下次的筆試。

週一早上，建華早早地就來到這家公司，憑著紮實的專業知識，他輕鬆地就拿到了筆試的高分，於是，公司又通知他兩天後進行面試複試。建華高興不已，覺得這個程式設計師的職位已經勝券在握了。

兩天之後，建華到公司參加複試，然而，因為他的條件在面試者當中並不特別突出，最終被公司刷了下來。

雖然在最後一關失敗了，但建華並沒有沮喪。因為在複試時，他和面試官的談話之中，他意識到自己的不足，以及還欠缺的一些東西，他清楚地知道了自己還應該努力的方向。於是懷抱著感謝的心情，他認為自己有必要寫一封信給軟體公司，以表示自己的感謝之意。

於是，建華在mail中寫道：「貴公司花費人力、物力、財力，提供了我筆試和複試的機會。雖然因為個人能力有限，最終沒有被錄取，但是透過這次的面試，使我大長見識，受益匪淺，感謝你們為之付出的辛勞，謝謝貴公司給我這次機會。」

建華的信雖然短，但句句貼近人心，當面試官轉收到這封郵件時，內心非常地驚訝，也倍感欣慰。建華的這封信，非但沒有抱怨他沒有被錄取，反倒還寫來了感謝信，這是其他面試者從沒有做過的事。於是，這封mail被列印出來層層上遞，最後送進了總經理的辦公室。總經理看了這封mail之後，不發一語，將其放進了抽屜。

建華雖然繼續找工作，但仍然一無所獲。終於在過年前夕，他收到了一張製作精美的新年賀卡，上面寫道：「許久不見的李先生：如果您願意，請您和我們共度新年。」賀卡是他曾經面試的那家軟體公司寄來的。原來，公司有了空缺的職位，總經理先想到的人選是建華，決定錄用了他。

現代社會，競爭異常激烈，想要增加自己的籌碼，就要像建華那樣，對人時時抱持著感謝之心。雖然只有簡簡單單幾個字，卻能讓對方感到溫暖和尊重，其產生的效果是強大的，不但能讓對方感覺很好，還能得到他人的喜愛與回報。你永遠不知道簡單兩個字：「謝謝」，可以為你帶來多棒的事。

人與人之間都是互相往來的，你和同事之間、和主管之間也是如此，你如何對待主管，主管也會如何對待你，你如何對待你的同事，對方也會這樣對待你。說聲「謝謝」並不難，卻能加深人與人之間的良性互動，成為工作、生活當中的潤滑劑。

在職場上，與上司的來往當中，向主管表示謝意是一個積極而有意義的舉動。從你那裡接受過謝意的主管，多半會希望能多照顧你，因為這讓他看到了自己對你的幫助是有意義的，並不是毫無回報的。

向主管多說「謝謝」，是對主管本身的肯定，也是對對方的一種讚美。所以，你可以以你對主管的衷心感謝，換回他對你的真心相待。但表示謝意也有需要注意的地方，如以下所示：

收買主管心·Tips·

表達感謝，也有分寸

做任何事情都要有分寸，即便是你想表達感謝之意也是。感謝要適度，過頭還是不足都有所不妥。有些人，想表達對別人的感謝時，做得卻有點過度，在對方覺得並不值得如此被感謝時，他卻將感謝濫用，讓感謝變得「廉價」，讓對方覺得虛偽，甚至懷疑他是否別有目的。其實，感謝只需要你的真誠，只有將這份感激之意放到重點上，才能真正發揮效用，讓對方欣然接受這份溫馨。

愛要及時，感謝也一樣

在職場中，儘管主管幫助你、指導你，是出於公事上的需要，並不是特別希望得到誰的感謝。但如果你能在受到幫助時，及時表達出感謝之意，說一些貼心的話，例如：「沒有您的幫忙，我真不知道要瞎忙多久了」、「如果您沒告訴我的話，我現在應該就等著挨罵了」等，那麼必定能受到主管更多的照顧。

對於時常受到幫助的你來說，無論主管出於什麼理由幫你，你都要及時而主動地表示你的謝意，這也是為人處事的根本。

感謝不能一次解決

表示謝意是一種自然的感情行為，當然是不能一次性的處理的。職場上也許有些人會認為「我上次就跟他道謝過了，不需要每次都說吧」，但這種想法絕對是錯誤的，因為沒有誰理所當然地應該幫助你。

因此，當你受到幫助時，請適時地對主管表達謝意，不能因為你一次的感謝，就可以抵銷主管對你的所有幫助。如此，會讓主管覺得你不懂得感恩，還會覺得自己的幫助很廉價，只值得你一次的感謝。

你是成熟的職場人嗎？

慧敏在一家很大的金融公司工作。有一天，老闆起草了一份兩頁長的企劃書，慧敏認為這次的企劃很有可能會增加成本，或是引起客戶和員工的強烈不滿，總而言之就是不切實際而難以實行。你覺得煩惱的慧敏會怎麼處理這件事情呢？

A. 第二天早上去老闆的辦公室，告訴他這個企劃真的不符合現狀，很難進行，請他撤消。

B. 用迂迴的說法告訴老闆自己對這個企劃的看法，最後的決策還是讓老闆決定，自己不多加干涉。

C. 暫時按照老闆的企劃執行，等到真的出現問題之後再提出自己的建議，在此之前不多說話。

選擇 A： 你的職場成熟度看來不是很高，你的舉動在一開始就讓老闆有了防備心。事實上，還會讓老闆覺得你似乎不夠有資格管理這一切。**給你的職場小建議是：當你對老闆的決定有不同意見時，不要直接說出你不同意老闆的原因，要知道你這樣的表現會讓上司覺得你在質疑他的權威，或許你是出於好心與專業的建議，但是最後反而會讓自己處於很尷尬的境地。**

選擇 B： 看來你已經是職場老鳥了，你非常懂得用婉轉的方式向上司闡述你的觀點，你知道要如何在顧全老闆面子和做到自己該做的事上取得完美的平衡，相信你的職場生涯也能走得比其他人都輕鬆、順利。**給你的職場小建議是：懂得老闆的心思是好事，相信你還能有更高段位的進步，例如，能成功說服老闆撤消是更好的。**

選擇 C： 你在職場中已經有所歷練了，但是，這樣的做法仍然不是最好的選擇。要知道，老闆多半不喜歡那些當面質疑他的人，當然也不會喜歡下屬以一副「事後諸葛亮」的方式提出建言。**給你的職場小建議是：如果真的有更好的想法，建議你在仔細想清楚之後，用婉轉的方式向老闆提出來，這樣不僅顧到了老闆的面子，還盡到了自己的責任。更好的是，能讓老闆覺得你確實是在為公司的利益著想，相信以後也會更加重用你的。**

Chapter 3

會看時機說話，不當小白才能受青睞

——該你說要敢說，該安靜就閉嘴

在職場中，「會看臉色」說話、「會看時機」說話的員工往往更能受到主管的注意與肯定。特別是在平時的相處之中，如果你能在該說話的時候說得出內容，不該說話的時候管得住嘴巴，懂得看現場氣氛說話，無論是開口閉口都能順主管心意，不讓對方覺得厭煩的話，就能誘發出主管的談話熱情，讓你工作、行事更加順利。

想想，你是上司面前的搬弄是非者嗎？

晶晶是跟著這家醫療器械公司一起成長的，算是公司裡的元老級功臣。她做事能力強，業績非常好，但就是有點口無遮攔，喜歡私下在上司面前說這說那，喜歡搬弄事非。

有一次，同事小張因為下雨路上塞車，上班遲到了。小張也是公司裡的老員工，偶爾不小心遲到一次其實沒什麼大不了的，但是晶晶卻將這件事告訴了韓總經理，並誇大地說：「小張因為自己是老鳥了，經常無緣無故遲到也不當一回事。」韓總聽了當然不高興，便在公司的例行會議上拐了個彎地批評員工遲到這件事，讓小張很是尷尬。

後來，公司來了一名新人薇庭。薇庭大學剛畢業，為了讓主管和同事留下好印象，她做事非常積極、主動，但是這又讓晶晶看了不順眼。於是晶晶經常都在注意薇庭，如果發生一點問題，她就會特別提出來大做文章，不管薇庭做什麼事，晶晶抓到機會一定就會挑三揀四，連薇庭掃個地也要確認地上有沒有頭髮，很是得理不饒人，弄得薇庭總是不得安寧。

而因為晶晶的職務上需要經常向韓總彙報工作，所以，她總是

順帶加油添醋地向韓總「報告」一番。時間一久，韓總因為常被「洗腦」，也就漸漸對薇庭有了微詞，她的試用期還沒過，就辭退了她。

同事們當然都知道是怎麼回事，大家漸漸地跟晶晶保持距離，生怕自己的一個無心舉動就傳到韓總的耳裡，於是，整個公司上下人心惶惶的。還有幾位優秀的老員工受不了改變得如此怪異的公司氣氛，也紛紛跳槽了。韓總不明白影響部門的問題到底出在哪裡，一次，在會議上，韓總便要求大家寫出對目前公司的看法和建議，當然是以匿名的方式回答。

當韓總回收了所有的問卷之後，發現問卷的問題點多半直指晶晶，這讓韓總很是震驚，原來她愛搬弄事非的行為讓大家都覺得反感，但自己卻總是相信她的話。韓總終於瞭解，為什麼那些優秀的老員工都離開了，因為這裡已經不是以前那種和諧的工作環境了。

很快地，韓總念在沒有功勞也有苦勞，只得跟晶晶開誠布公之後，將她調往分公司了。

在職場中，有些人總是喜歡搬弄是非，弄得辦公室裡人心惶惶，當工作場所的和諧氣氛被破壞了，這些人就是職場中俗稱的「小人」了。那些惹事生非的人，成天只想著要怎麼扯其他同事的後腿，但瞞得了一時，瞞不了一世，老闆終究會選擇顧全大局而犧牲他的。在職場中，為了避免自己不自覺成為這樣的「小人」，我們一定要管好自己的嘴，儘量避免去評論公司和同事的事情，特別是負面的消息。

職場上很多事情都是微妙的，有的人可以升職，有的人卻被fire，你不是老闆肚裡的蛔蟲，就永遠不知道其中的理由為何，所以也不必太過多話，話如果傳到上司耳裡，讓他注意到你，這也不是件好事。如果老闆的「皇親國戚」是和你一起工作的同事，那麼很多事你自己知道就夠了，犯不著背後跟誰嘀咕。

像是抱怨公司的福利不好、老闆機車、不給加班費等，諸如此類話題你最好連說都不要說，實際上你說了也只是白說，說不定反而被傳來傳去加油添醋的，你連解釋的機會都沒有就準備說再見了。

「隔牆永遠有耳」，老話自有它的道理。今天你和同事說了一句：「主管真的很過分，連一點面子都不給我」，那麼大概不需要一天的時間就可以傳到主管耳裡了，重點是你還不知情。

因此在職場中，作為下屬，千萬不要在主管面前搬弄是非，或是在同事面前八卦誰，因為你怎麼知道，眼前的這個人是不是表裡如一、真心待你的呢？

以下做法，能避免你無意中成為搬弄是非者：

收買主管心·Tips·

壞事不點破，讓主管自己發現

在職場中，因為個人利益的爭奪，經常會發生勾心鬥角的事情。就如你知道的，愛搬弄事非的人，不只是會算計自己的同事，他們的上司當然也有可能被利用。如果你在與同事的相處之中，發現某個人有有損集體利

益的想法，或者是有損主管利益的想法時。那麼，為了維護公司的整體利益，你就有責任和義務讓主管知道，但是，如果你直接跑去跟主管告狀的話，卻會有搬弄事非之嫌，讓主管認為你是不是因為和誰不合，才有抹黑他之意。所以，此時的做法是，不要直接點破事情的真相，而是要旁敲側擊地讓主管明白。

在與主管交談時，你可以跟主管報告一下部門裡工作的情況，或是工作的氛圍如何，甚至是隨便聊點什麼，透過幾個關鍵字，讓主管明白事情的關鍵，讓他瞭解到也許會有不利於他或工作環境的事情發生，讓他進而能自己去推斷清楚。

這樣的談話方式，不僅會讓主管認為你不是個搬弄是非的人，還會讓他認為你是個為公司利益著想的下屬，心領神會之間，也會對你多加幾分好感。

在上司面前說別人的好話

無論在生活中，還是職場上，當你說別人的好話時，多半也會傳到當事人的耳裡。如果你在主管面前說別人的好話，不僅會讓同事對你喜愛有加，讓你的人際關係更好，還能讓主管對你另眼相看，認為你是一個心胸寬大、善良、說話直率的好員工，能為公司考量，不計較個人的得失，他必定能更加信任你。

假設，如果因為你在主管面前稱讚一個埋頭苦幹、卻不擅言辭的同事，而讓主管注意到他、並對他委以重任的話，那麼你的同事必定會對你心存感激，並在工作上做出更好的成績。你主動為公司帶來了利益，主管定會對你留下更好的印象。

也就是說，在主管面前你大可不必急於表現自己，可以多說說其他同事的優點。如果主管問你一些較不積極的同事的工作狀態，你也不需要太過詳盡地闡述別人的不好，話說到一個分寸就好，好人緣就是這麼來的。

永遠不要只憑你的主觀判斷

喜愛搬弄是非的人，除了為了自己的利益行事之外，通常還因為他並沒有站在客觀的角度上行事，只是任由自己的主觀判斷，而且還只會強調出自己的片面之詞或是非客觀的評論。但是，只有凡事都能從客觀的立場上面對問題，公平、公正地判斷事情的人，才能受到最公平的回報。當你在主管面前談論人事物時，能以公平、客觀的態度敘述，對你來說，這才是最有利的處理態度。

相反地，當主管在你的面前提及某個員工的差勁表現，並且列舉他諸多不是的話，那麼此時此刻你除了認真傾聽之外，要做的就是客觀地認知主管的判斷和同事真正的情況，不要為了迎合主管而大放厥詞，說出違心、非事實的話。

當然如果你處事較公正、公平，就能讓主管對你說的話比較相信，如果你總是隨風倒，主管說什麼你就附和什麼，雖然他當時可能會覺得聽起來很順耳，但若是仔細思量，就會發現每次你總是附和他的話，沒有自己的立場，那麼，也許就會覺得你的話還是聽聽就好。

話說三分，相處只拋七分的情

宏儀大學畢業之後，在一家半導體公司當工程師，小伙子精明能幹又野心勃勃，他一直想等自己能獨當一面時，自己開一家公司。

由於宏儀的專業能力很強，老闆很喜歡他，也為了留住宏儀這個人才，他們相處得就跟哥兒們一樣，經常一起吃飯、聊天。

一天晚上，宏儀加班到很晚，老闆邀約宏儀去吃飯。兩個人聊得很熱烈，幾杯黃湯下肚，宏儀一開心，嘴巴也沒在顧忌的，就說出了自己的人生規劃：「我的夢想就是開一家像您這樣的公司。」

老闆聽了一愣，但很快就恢復了表情，看似沒事地鼓勵他說：「年輕人是應該要有衝勁的，我支持你。」，宏儀接著說：「我覺得我現在的技術沒問題，但是在市場方面還有很多事不懂。」，於是老闆說：「那就一邊工作一邊學啊，憑你的才能，再幾年就能獨當一面了。」，宏儀聽了高興地說：「嗯，我想也是，您放心，在這幾年內，我是不會離開公司的。」老闆沒作聲地點了點頭。

兩個禮拜之後，公司來了一位新的工程師，宏儀很是不解。一個月後，宏儀就收到了辭退通知，理由不明，宏儀一臉茫然地找老闆詢問。沒想到老闆卻一本正經地說：「在我的公司裡，你已經沒有什麼需要學的了，我這個小廟容不下大佛，為了你的前程著想，我認為你應該多去幾家公司，多累積點經驗才是，我是為了你的未來發展，才忍痛下這個決定的。」

宏儀這時才恍然大悟自己為什麼會被炒魷魚，都是因為他跟老闆太過交心，說了太多沒必要說的話，讓老闆對他起了疑心，也許覺得他會將公司裡的技術偷學去之後再離開，那當然沒有哪一個老闆會想去培養自己的敵手了。

在職場中，總有這樣一些人，他們特別愛聊天，個性又很直，動不動就喜歡跟別人掏心掏肺，雖然這樣很容易拉近彼此之間的距離，感情能很快變好，但是，你卻無法確定誰會真的為你守住秘密。所以，當自己有一些較為敏感的想法時，最好不要輕易地跟公司的人提起，特別是你的主管和同事。

在職場上，並不是你掏心掏肺的跟對方相處，就能得到上司的信任。當然，也不能夠自己逃避在自己的世界裡，因為怕受傷害而不與人交流，我們說過與不及都是不行的。如果你的想法並沒有涉及到公司的利益，或是與公司的利益背道而馳的話，那麼，跟上司聊聊自己的目標和努力的方向也是不錯的話題。

那麼到底什麼話該說，什麼話又該避免呢？

收買主管心·Tips·

你是猛虎也要裝家貓

在職場中，每個員工都會有自己的想法，也許他們都有想當主管的意思，也都有將來想獨當一面的期待。但是多數人都會選擇將這些期望吞下肚，這就是職場上的「硬道理」，永遠只對週遭人說三分話，拋七分情分。

然而有一些「好傻好天真」的職場人，總喜歡將自己的想法公諸於眾，以為所有人都是昔日的同學朋友那般地分享心事和夢想，但是如此做只會讓自己身陷危機罷了。因為這無疑是提醒主管提高對你的防備，他會覺得你這個員工的野心很大，說不準哪天就將公司的業務據為己有，或者拉攏自己帶的新人跳槽，不會有哪個主管喜歡身邊留有這麼一隻未發聲的猛虎的。

野心再大，都不要時常掛在嘴邊

縱觀歷史，那些做大事的人，都不是喜歡說大話的人。

在職場上，如果你沒事就整天碎念：「我想自己當老闆，當人家的員工再辛苦薪水都不漲，但是當老闆可就不一樣了，賺多賺少都是自己的。」如此，就容易被上司過度關注，或被同事判斷成是遲早會離職的人而不願意親近。又像是一些人會說：「在公司裡，我的水準至少可以拿到經理的薪水」、「不出幾年我一定能升到主任」的人，就很容易遭到現任主管的刻意打壓，因為這無疑是公開向主管挑戰，讓主管覺得你根本沒把他放在眼裡，因為你表現出你比他還要有能力，更能勝任主管位置。當然在公司有這樣的員工，發言者的日子也不會好過，輕則受到主管的排擠，重則找理由讓你待不下去。

不要覺得不可思議，怎麼會有人這麼傻的大說特說，但事實上就是有人這麼傻。做人低調，是自我保護的方法之一，向主管表現自己的價值當然無可厚非，但一定要在該表現的時候大方，不該表現的時候韜光養晦。

我們在職場上一定要明白這樣的潛規則，在公司裡大談人生夢想，那就不必了，把那些雄心壯志留給家人和朋友們聽吧。

什麼事都跟主管說，這可免了

公司是工作的場所，千萬不要當成私人談心的地方。自己的私人問題，要找自己的朋友和家人解決，不要將主管當成諮商老師。

例如，感情問題，自己的感情問題，不要讓主管涉足，這也是競爭壓力下的一種基本自我保護。與主管交談時，儘量少談到私人問題，也別議論公司裡的誰是誰非，因為說者無心，聽者有意，說不定哪一句話，就刺到了對方心坎裡，替自己惹來不必要的麻煩。

自己的家庭或財產問題，也不要跟主管談起。不是你難相處，但是坦率是需要看人和看事的，沒有不看原則的坦率。就算你剛買了名車、房子，或者中了大樂透，也沒有必要跟主管交代太多。很多快樂，自己和家人朋友分享就好，因為人都會有嫉妒心理，如果因為你的告知，而引起了主管的嫉妒，那是最得不償失的事情。或許主管還會因為你家境優渥，將原本該屬於你的獎金福利給了別人，當然也許你不在乎錢，但其他人看來，這是一種能力上的肯定，如果你不被主管所認可，那你在公司裡的工作也就沒有太大意義了。

抓好說話節奏，讓主管有評論的機會

信安畢業之後，來到了一家出版社當企劃編輯。他曾經學過編輯相關的出版專業，做事也非常有效率。

為了下週的會議，週末，信安去了一趟書店，研究了最近的暢銷書多是什麼類型，並敲定了幾本想要編著的主題書。於是，他寫了一份選題企劃書，準備會議時拿給主管看。

第二天，公司開始每週的例行會議。大家入座之後，主管問，最近有沒有新的選題企劃可瞧瞧，大家都悶不吭聲地坐著。於是，有準備的信安趕緊說：「我有。」然後，拿出自己的企劃書，滔滔不絕地說明起來。

信安之所以這麼主動，原因有三：首先，他認為自己的選題非常好，很有暢銷書的潛力，值得主管注意；其次，他的個性一向自傲，雖然是新人，但想以此得到同事們敬佩的目光；第三，他說話本來就很快，幾乎沒有空白的時間，也沒有給任何人說話的機會。

前兩點不必說，因為每個人心中都有不同的標準與喜好。但第三點卻害到了他，對於這些企劃，主管在聽的過程中，有很多想說的看法和評論，但基於信安沒有要停止的意思，幾次他想插話，都沒有成功。最後，不得不等信安說完，他再說。

好不容易，信安終於都將企劃上的幾本書說完了，但這時，主管已經沒有了評論的興致，只是大致上說：「對於這幾個選題，整體來說我覺得似乎還不夠完善，因為同類型的書已經很多了，而且沒有突破的特色，需要你修改過之後我再評論，今天會就先開到這裡吧。」於是在場同事紛紛離開了會議室，信安非常驚訝收到這樣的回應。

在職場中，下屬在向主管彙報工作時，一定要注意自己說話的節奏，有些人說起話來快得急驚風，就怕主管沒注意自己，或是害怕自己說到一半被人家打斷，就會忘了說一樣。俗話說：「呷緊弄破碗。（欲速則不達）」，有時候，你越想讓主管注意到你，越是想有所表現，結果往往就會適得其反。

跟主管交談時，要掌握好說話的節奏，特別是，要適時地留「空白」來傾聽主管的評論，否則，你的彙報就沒有意義了。能夠作為你的主管，他必定有地方比你高明，即使他比你年輕，甚至他有一些地方是不如你的，但他能坐上主管的位置，你就需要虛心聽聽他的意見。如此，除了能得到一些你不知道的資訊之外，還能讓主管對你感覺很好。

那麼職場人該如何注意、並抓好說話的節奏呢？

收買主管心·Tips·

注意說話速度，重點是：氣氛輕鬆

跟主管說話時，速度會直接影響主管接受資訊的效果。如果你說話速度太快，那麼你向對方彙報的事，就無法完全被他釐清，他可能還沒有聽懂你在說什麼時，你就已經說完了。如此，只是浪費彼此的時間罷了。

同時，你會發現，如果你的語速過快，那麼很容易就會讓整個氣氛都變得緊張起來，讓雙方都覺得有壓力，導致溝通的效果減弱。相反地，如果你能放慢語速，你會覺得整個談話的氛圍輕鬆、自然了起來，你也更能集中注意力，主管也能井然有序地處理你的問題。

注意，不要無視主管的反應

職場中的潛規則之一，就是「要看主管的臉色」說話、辦事。主管高興，你的工作就能順利，心情也顯得晴空萬里，甚至還會有些什麼福利；主管暴怒，你可別就傻傻地過去自掃颱風尾，看看你的同事躲得躲、逃得逃，沒有什麼急事的話就晚點說吧。善於察言觀色，這可是生物的本能啊！

有些新人在向主管彙報工作時，會因為緊張，說話比較快，或者是只顧低著頭回想工作細節和報告工作狀況，卻沒有注意主管的表情變化。其實，有時候，這樣像機關槍似的沒感情的談話，早已讓主管失去注意力了，這樣的下屬沒有誰會喜歡跟他多說幾句話的。

懂得察言觀色的職場人，就能隨機應變，一旦發現主管的表情有些不耐煩時，就會馬上停下來，詢問主管的意見，再根據主管的評論決定接下來要說的話，絕對不會忽視主管的反應。如果你彙報工作時，主管的態度非常肯定，那是再好不過的事了，但你也不要高興得太早，也要試著詢問主管的見解，這樣才能表現出你對他的尊重。

說話，停頓一下並不難

也許你就認識像文中的信安那樣子說話很快的人，如果一個人說話沒什麼停頓的話，那麼，對聽話的人來說也會覺得喘不過氣，甚至想要他馬上閉嘴，因為這是很不貼心的做法。換個角度思考，作為管理者的主管也是一樣，為了工作，他對你的彙報一定得非常認真地聽，但你如果不顧及他的感受，那麼你的彙報就一點意義都沒有了，還會讓主管覺得你是一個難以溝通的員工。

有些人只是為了工作而工作，為了彙報而彙報，總是想要一次就把該說的事都說完，就以為萬事大吉了，但是這種想法很不成熟，也不能表現出你對對方的尊重。最重要的是，只有你先真正瞭解主管要說的話、要知道的事，你才會知道接下來你該說什麼，如此才能提高彼此的溝通效果。

別緊張，說話自然、清楚就好

我們說，能控制好說話節奏的表現就是說話自然又流利。有些職場人在跟主管說話時，由於準備的沒有很充分，或是太緊張，往往說起話來會結結巴巴，想到什麼就說什麼，沒有重點，讓主管一頭霧水。

為了避免這樣的狀況，最基本的方法就是，當你準備要與主管溝通之前，一定要對所要討論的內容做好充分的準備。如此不但能因為熟練而不緊張，還能讓自己更有自信，讓自己提高注意力到整個討論之中。這樣，溝通的好效果就想而易見了。

主管失意時，別大提自己的得意事

明誠的頂頭上司寬宏是一個經歷坎坷的人，他之所以會來到這間公司，是因為半年前他因為經營不善，不得已將自己的公司結束。而妻子也因為不堪現在負債的壓力，最近與他談離婚，同一段時間面對到內憂外患，他非常難受。

辦公室的同事們都知道主管的遭遇，因此大家都避免談論有關婚姻或金錢的事，即使有特別開心的事發生，也會私下裡聊，不會當著寬宏的面說。明誠對主管的遭遇也有所聞，也會特別注意自己的言論，但是同事書平卻在無意間做了惹人厭的事。

耶誕節前夕，公司聚餐，明誠所在的部門早早就來到了飯店，大家都興高采烈，明誠所在的部門都坐在同一張餐桌上，幾杯酒下肚後，書平就開始話變多了。他在這一兩年間玩股票，選在最佳時機脫手之後，竟然賺到了一筆鉅款，成了名副其實的「暴發戶」。

書平在同事們面前，拿出手機介紹他信義區的豪宅、名貴的進口車，以及無數美女朋友的照片，那種得意的神情，讓每個人看了都不舒服。而正處於失意中的寬宏低頭不語，臉色非常難看，一會兒去上廁所，一會兒去點菜，後來找了個藉口就提前離開了。

從那以後，書平就經常遭到主管的漠視，最後不堪這樣無形的壓力，也就毅然離開了公司。

在職場中，面對失意的主管，即使我們不能良言給予安慰，也要避免在人家傷口上灑鹽。也就是說不要在失意人面前談論你的得意之事。

而書平正是犯了這樣的大錯，在主管失意時大聊自己的得意事，即使是一般人，在聽到你這樣炫耀自己的成就時也會覺得不太舒服，更何況是在失意的人面前，這樣的處境會使他痛上加痛。

古詩云：「人生得意需盡歡。」在我們獲得好處或成就時，不得意似乎不太容易，因為你很容易就會表現出意氣風發的樣子。

但是當你在談論你的成功時，一定要看場合和對象，你可以跟你的家人說，可以跟你的好朋友說，接受他們給你的稱讚和祝賀，但就是不需要在失意的主管面前說。因為一個失意的上司是最脆弱的，也最多心的，你的得意在他面前充滿了諷刺，讓主管覺得你看不起他，如果讓主管產生這樣的想法，那你的日子也不會太好過。

對此，我們總結出以下幾點建議，供讀者朋友們參考：

收買主管心·Tips·

表現出自己的謙虛，但不過度

我們在與主管交談時，不要賣弄自己的成就，也許你是想讓主管知道

你的某些成就，進而去認同你是個人才，但如果正巧碰到心胸較狹小的上司，那只會讓主管覺得你好表現、好誇耀罷了。除了注意別說太多自己的「好事」之外，你還需要表現出你的謙遜態度，這樣才能適當地保全上司的尊嚴與權威。

面對失意的主管，別打哈哈

當職場人與主管必須溝通時，面對已知主管的失意，下屬當然需要嚴肅以待。切不可在主管失意時，你卻刻意表現出輕鬆的樣子，讓主管覺得你不夠正經，這種時候不適合用打哈哈、幽默的方式面對。

對於主管的遭遇，我們不需要特別表現出感同身受的樣子，只要正經且認真地與上司相處，讓主管心裡有踏實感即可。

如果可以，聽聽主管的訴苦

上司身居要職，公司裡或者部門裡的大小事都要顧及到，而人生失意事在所難免，作為下屬，要能試著理解主管的難處。面對主管的失意，不要覺得不關己事，也不要過度輕鬆，你可以適當地慰問幾句或是安靜的傾聽，這不僅可以調適主管的情緒，還能調節工作氣氛，改善彼此的關係。

每一個失意的人都會希望有一個人可聽他訴苦，所以，在主管失意時，我們不妨使一使「小心機」，當一個忠實的聽眾，將他當成朋友那般地安慰，表示你與他感同身受，可以聽他訴苦，這是最明智的做法。

換位思考，你就能懂

要如何以我們能理解的方式來看待主管的失意呢？那就是「換位思考」。我們才能更貼近地瞭解人性的脆弱，進而去理解、去感同身受。

例如，主管因為沒在升遷名單之中而沮喪。這種時候，我們就要懂得，想謀求高位是人的本性，每個人都有想成長的期望，當我們處在主管的立場時，就能理解這樣的落寞是多正常的了。

又例如，主管因為下屬的不斷失誤而發怒時，如果我們能換位思考的話，就會發現，要是發生在自己身上，說不定自己的情緒還會更加hold不住，也就能理解他的心情了。

無論在職場中，還是生活中，只有我們透過換位思考，才能擁有更加體貼人的心意，並能逐漸理解原本無法理解的人事物。

3-5 聰明人都知道，有些話要深藏不能說

克里斯是美國哈佛大學的高材生，畢業之後回到台灣，自己千挑萬選之後進入這家風評不錯的公司。

克里斯剛到公司任職時，部門的經理尚文就對他存有戒心，因為克里斯各方面的程度都明顯比他好，尚文是一路跌跌撞撞自學成專業的「努力家」，但克里斯是喝洋墨水歸來的「洋博士」。

在克里斯上班的第一天，尚文就拍拍他的肩膀說：「老弟，我隨時都可以準備交接。」雖然這麼說，但眉宇間卻是一股淒涼。

克里斯明白上司的擔憂，他也知道自己的身分，尚文是部門經理，而自己是特別助理，他們之間屬於上下關係，而且克里斯也沒有要「謀權篡位」的打算。於是，他打定主意，以實際作為來消除主管對他的戒心。

克里斯是有才能的，如果他的個性好大喜功，那麼只會對比出主管捉襟見肘的尷尬。因此，克里斯儘量表現得低調，在部門會議中，克里斯總是會提出一些真知灼見，但卻會有意地留下思考空間給經理尚文做結論。

在平常的工作之中，克里斯改變了歐美的企業風格，以消除經理不安的心理。例如，他經常向經理彙報工作，無論事情大小，從不擅做主張，特別是一些決策性的工作，他更是會請示尚文。

有一次，尚文去廣東出差，有一筆生意其實只要克里斯拍板定案就可以了，而且這筆生意克里斯看得很準，肯定是筆大訂單，但他仍然沒有忘記向遠在千里之外的尚文請示，說自己的判斷不夠準確，請經理定奪，他主動把「功勞」讓給尚文。

還有一次，公司總經理想派一個人去上海談判，上海的客戶是一個很難纏，但是對公司來說很重要的大客戶。因為對方公司是外商，要求外語能力出色，因此，總經理想到了克里斯，想派他去交涉。

看著總經理將克里斯叫到辦公室，尚文心就涼了半截。總經理對克里斯說明公司的意思，但是克里斯誠懇地說：「我來公司的時間還很短，對客戶不太熟悉，需要前輩的指導，我可以擔任輔助的角色。」總經理問：「那你覺得誰可以帶你？」克里斯說：「尚文經理就可以了，他資歷久，而且熟悉業務，以他為主，我為輔。」總經理點點頭，將尚文叫來，將剛才克里斯的意思又重申一遍，尚文這才露出安心的笑容。

經過一段時間的相處之後，尚文對克里斯終於完全消除了戒心，他漸漸地將許多重大的決策都下放給克里斯決定，使得克里斯能發揮自己的才能，沒有後顧之憂。

克里斯很懂得職場哲學，他用低調與請示獲得主管的信任，讓主管覺得他誠實可信。如果他鋒芒露得太早、太鋒利，那麼不但會傷到對方，還會傷到自己。只有把面子留給上司，滿足上司多一點虛榮感，才是真正的韜晦之策。

在職場中，因為工作關係，我們需要時常面對主管，說話是每天都需要的事，說真話、說實話雖然值得讚賞，但也必須注意對象適不適合。因為多數時候，說實話並不一定就能討人歡心，必要時裝裝糊塗，更是一種智慧。

因此，你一定要懂得謹慎說話，特別需要注意以下原則：

收買主管心·Tips·

不要熟了就開始抱怨公司

經常有些下屬覺得自己跟著主管賣命多年，私交不錯，漸漸地說話就會開始無所顧及起來，這是很常見的。例如，當主管問起他對公司有什麼看法時，他就會天真的以為，這是主管讓他提出「改進」的意見，所以，就開始滔滔不絕地大發起牢騷來。

例如，主管問下屬覺得公司怎麼樣時，下屬回答：「我覺得薪水有點少、一個人當兩個人用很累、壓力很大、沒有加班費、沒有年終獎金」等等，主管聽完後表示理解，但心裡多少會不太舒服，因為他也是跟著公司一路走下來的，公司可以說是他的一個成就，沒有誰喜歡聽別人說自己努力許久的成就不好的。

如果職場人經常抱怨公司，還會讓主管覺得下屬的能力有限，並且缺少必要的涵養。要知道，有哪些地方會歡迎這些喜歡發牢騷的人呢？

不要太常說同事的狀況

工作時，同事一天下來相處的時間非常長，難免會出現意見不合的時候。這時，作為下屬，除了會影響到工作狀況，否則不要常將你個人對同事的意見在主管面前說。

你對同事的意見，是你們的事情，沒必要全盤揭露在主管面前。這樣做的壞處有兩點：首先，主管會認為你的事情特別多，是個刺多、不容易與其他人和睦相處的人；其次，主管的工作非常繁忙，如果經常你的一些雞毛蒜皮的小事都要說給他聽，只會讓他覺得反感。如果你真的難以忍受，那就要就事論事，避免情緒性的字眼，簡潔有力地陳述事實，如此就可以了。

你的人生規劃，沒事不要說太多

每個人都會有自己的人生規劃，有的想出國深造唸書，希望有更多的發展；有的想多考些專業證照，以謀得更好的工作；有的想從主管身上多學點管理經驗，以後自己創業當老闆等等。

但這些規劃在你尚未有實際行動之前，就應該老老實實地閉嘴。你不應該主動聊起這些事情，一旦說起，旁人對你的態度可能就會因此改變，也許不升你為幹部、也許會將你提前辭退、也許會將你調往不利於你發展的職位，這都不利於你的職涯發展，影響你的「人生規劃」，這還不諷刺嗎？

當然，客觀來說，有理想、有抱負的職場人是好的。俗話說：「不想當將軍的士兵，不是好士兵」，但是有些想法千萬不要傻到跟主管坦白一切，否則會讓自己處於被動的局面，不利自己未來的發展。

會讓主管出醜的事，閉上嘴

作為下屬，在主管面前，他就是上，你就是下，千萬不可以為了洩一己之憤，就胡亂地在眾人面前說出讓他出醜的事情。

如此，你的行為將會直接破壞主管在眾人面前的形象，對方會認為你是一個目無上司、目無紀律的下屬。如此的下屬，勢必不能在公司長久待下去，於公、於私來說，他都沒有放過你的理由。

有些下屬會抱怨主管經常刁難自己，但卻沒有想過自己是不是曾經做出讓主管出醜的事。作為公司的職員，無論是自己的主管還是同事，一旦你做出或說出讓對方出醜的事情，那麼，就只能等著對方對你「另眼相看」了。

不要「越位」，別替上司拍板定案

詹姆斯面試上了一家公司當業務。由於他活潑開朗、做事幹練，進公司沒幾年，就成了公司的王牌業務。可是不知為什麼，近來他的頂頭上司對他非常不滿。他還沒有發現，這正是他在工作中多次「越位」的關係，才造成了他這樣的局面。

有一次，詹姆斯接到了一筆主管負責的國外訂單資料，他一看，發現這訂單的交期太短，訂的量太大，還有價錢也壓太低了，但他的頂頭上司又正好出差不在，於是，他就直接聯絡客戶，說明這肯定無法準時交貨，對方當然非常生氣，表示當初都談好了，怎能說變就變。詹姆斯只好上呈總經理，反應交期這件事，沒想到總經理卻說，這件事他已經知情，工廠說沒問題。

過了幾天，主管出差回來，發現了詹姆斯竟然沒問過他就直接跟客戶談判，還與總經理反應過，便非常不高興地說：「工廠方面我在出差前就已經處理好了，準時交貨也沒有問題，你不用擔心這訂單。」詹姆斯有些愣住了，他沒想到，一個「合情合理」的舉動竟然被打了「回票」，還惹得主管一肚子火。

不久之後，總經理召集業務部開會，在會議過程中，總經理順帶提到了這次的這筆國外訂單，但還沒等主管發言，詹姆斯便將自己的想法，像是交貨的時間太趕、產品賣太便宜等反應出來，認為應該多與客戶再交涉才對，這當然讓他的主管臉色十分難看。

還有幾次，詹姆斯接到客戶對公司產品的客訴，見主管不在，他就直接將意見彙報給了總經理，然後總經理再傳達回給主管。當主管接到老總的約談後，就沉下臉來。自此之後，部門裡的很多情報主管都不願意讓詹姆斯知道，使得詹姆斯越來越成為公司裡的「邊緣人」了。

在此案例中，詹姆斯犯了一個致命的錯誤，那就是：他「越位」了。在主管的手下做事，遇到事情當然不能以自己的想法為主，要清楚誰才是真正當家作主的人，要善於領會上司的言外之意，多和對方溝通，以確保不會有誤會發生。說開了，就沒問題了。

每個人都各有長短，有可能你的上司在某方面不如你，或者僅是因為你的上司比你多做了幾年而已，但是你也絕不能因此小看他，時不時地就在決策、表態、或答覆上做出越位的舉動，你越是這樣，主管越會視你為警戒角色，對你保持一定的戒心，甚至想方設法地想趕走你。

那麼，哪一些言行，又是身為職場人的你要特別注意的呢？

收買主管心·Tips·

需要表態時，你不要越位

在職場中，有時候主管會要求下屬對某項企劃案做表態，這時候，千萬不要無視自己的身分就隨便發表意見，而是應該提出你能給的「建議」，將較實質性的問題，留給主管做最後的裁斷。如果主管還沒有說出他的想法，你卻搶先表明態度或是擅自判斷，造成喧賓奪主之勢，那麼必定陷主管於被動之中。

如果你這樣做了，那誰都會不高興，甚至會心存芥蒂。也因此，當下屬在表現自己時，一定要定位準確、分寸掌握得當，如此能趨吉避凶，還能成主管的心腹。

面對主管，不當應聲蟲

無論你的想法有多麼地切合主題，無論你有多麼厲害的才能，作為下屬，都要與主管商量你的想法與做法，不要只是一味地自己解決，或者主管說什麼就是什麼，十足像一個唯唯諾諾、沒有主見的「應聲蟲」。

當主管碰到自己不方便出面，或是不好解決的問題時，作為下屬，這種時候就要跳出來，主動擔當，幫助主管解決某些「尷尬時刻」。讓上司覺得你尊重他，還能及時扶他一把，能除去你的越位之嫌，更能得到主管的好感與感謝，能證明你的辦事能力，可謂是一石多鳥。

清楚規則，主管永遠是最高決策者

在日常的職場生活當中，無論你的工作有多麼出色，你始終都要記得，主管才是最高決策者。無論事情大小都有必要聽他的決定，這樣才是

下屬尊重上司的大智慧。

有時候，你確實有好的點子，你想將好的想法告訴你的主管，但你要採取對的方式，最好是提出「建議」而非「決定」，因為最後決策的人永遠是上司。

也許你會問，你瞭解任何事都不要自作主張，那如果面對到的是能力不強的上司時，也是一樣嗎？答案當然是肯定的，還是保持尊重，如果你不想被踢入冷宮的話。

答覆外界時，想想你有權力嗎

有些職場人會認為，如果是一件小事，那麼誰去答覆對方都可以，於是就擅自地替主管作了主，聯絡了外界人士。

但是其實，有些答覆往往會需要相應的權威主管來應對，你作為一般職員，沒有權力去做這件事。否則就會像文中的詹姆斯一樣，讓主管覺得你對他不尊重，導致主管對你「回報」強大的不滿。

喜事多說，憂愁話務必少說

艾倫是一家公司的設計師，天生喜歡設計的他，很慶幸自己能擁有這樣的一份工作。他有天生藝術家的美感，加上不僅對工作認真，還非常熱情。

但是一個月前公佈的升職加薪名單當中，並沒有看到艾倫的名字。而另一個在工作熱情上和表現上都明顯不如他的人，卻因為善於向主管報喜，頗得主管歡心，輕輕鬆鬆地就加了薪升了職，讓艾倫有些不是滋味。

兩個月前，黃經理主導了一個設計專案，由艾倫帶領設計小組，他的同事向偉則帶領另一個小組，兩小組齊頭並進，而最後的設計結果則由經理定奪。

其實大家都知道，艾倫組的設計實力明顯比向偉組的強。一個禮拜之後，艾倫一副興高采烈的樣子，因為他們的設計完成了。

黃經理問：「設計完成了？」艾倫說：「是啊，超辛苦的，大家每天都腦力激盪到幾乎不吃不喝。」，「那設計小組呢？」黃經理接著問。「解散了，讓大家好好休息一下，畢竟太累了。」艾倫如實說。「那在設計完成之後有做什麼嗎？」黃經理又問。「嗯，我幫大家申請了獎金，然後請大家一起吃了飯，開心的結束了。」艾倫得意地答道。「就這些嗎？」黃經理疑惑地說。「是啊，沒錯啊。」艾倫說。

黃經理又問道：「那你發了設計完成的通知給大家了嗎？」，「通知？」艾倫不懂。「報喜不報憂，你總知道吧？」黃經理說。「哦。」艾倫有點傻地點了點頭。

跟艾倫做法相反，向偉在設計完成之後，馬上主動向黃經理報告了這件事，並發了通知給大家，表示設計完成，黃經理滿意向偉的做法，認為除了設計之外，他有做到較完整的處理，也沒有發什麼牢騷，於是月底，向偉組全員順利加薪了。

凡是在江湖中打滾過的職場人都會瞭解，我們不僅僅是任務的執行者，最好還能當個報喜者。每一個主管都會期待下屬帶喜訊給他，讓他增添光彩，如果你總是無聲無息，讓主管不曉得你的行動與作為，那麼主管也很難去支持你。

無論是生活上，還是工作上，每個人理所當然都會有不順心的時候，不順心會讓自己無所適從，如果藏在心裡，更是痛苦，所以向別人傾訴也是自然的事，能夠發洩情緒。但是，一定要分辨對象，在主管面前一定要多報喜事，少抱怨，萬一弄得主管心情也差了，這也不會是一件好事。

那麼，職場人到底該如何做呢？

收買主管心 Tips

不要只會搶功勞，推過錯

有些職場人，懂得向主管多報喜少報憂，但卻會扭曲事情的真相。變成是多報自己的喜事，少報自己的錯事，甚至將屬於自己的錯誤撇開不說。

有些人在向上司彙報工作時，會有意誇大自己的功勞，想以此討得主管的信任與歡心。但多數主管都是聰明的，他們明白你的能力和作為，不會將不屬於你的功績記在你的頭上。這麼做，只會讓主管看低你，認為你是一個不真實、喜歡欺騙的人，對你的印象急轉直下。

另外，還有些人會將自己造成的失誤推給別人，以開脫自己的罪名，這同樣瞞不了多久，只會讓主管覺得你文過飾非，還不誠實。

無論報喜報憂，不談別人

在向主管彙報時，無論是好事壞事，一般情況下，你都只需要談論自己的部分，不要涉及別人，除非是團隊合作需要逐一報告，否則儘量不要涉及他人的問題。

客觀來說，一個人只能對自己的是非功過有發言權，無論是喜、是憂、是功、是過，要是自己經歷的過程，才能讓上司進行評論。所以，在向主管陳述狀況時，儘量不要「順便」提起他人，他人的好壞，應由他自己去說，由主管去評斷。

報喜時也別忘了主管的功勞

作為員工，在工作當中獲得成績，使公司得以繼續發展，這些跟員工

的努力是分不開的，但是如果沒有主管的指導和栽培，你是無法那麼順利做出成績的。所以，作為下屬，在談到自己的成就和公司的發展時，不要忘了提及感謝主管的指導。

在職場中，那些善於將功勞往主管身上放的人，是聰明人，他們懂得一個道理：那就是主管高興了，自己也才能在工作上順風又平安。

實話雖好，也要看對象

有沒有聽過這樣的西洋俗諺：「如果我說實話，人會生氣；如果我說謊話，神會生氣，無論我選擇哪一個，都會激怒一方。」

有些下屬，個性是實事求是的人，認為工作無論做得是好是壞，都要向主管報告清楚；主管決策是好是壞，都要講明白。他們認為正確的工作態度和做法，是對公司的負責和對主管的交代。

但是這種「太過」實事求是的行為，只適用於那些開明、寬容大度的主管上，對於那些心胸較為狹窄的主管來說，你的實事求是只會讓他心裡不快。更有甚者，覺得你故意找他麻煩，如此你也很難待下去了。

所以，實話雖然好，但也要看對象，不去瞭解主管的個性，就貿然評斷主管的方針，只會給自己和同事造成更大的影響，不可不慎。

 你上班時的恍神指數有多高？

人家都說：夜路走多了會碰到鬼。某天，當你一個人走夜路時，你最害怕會遇到什麼？

A. 變態色老頭
B. 年輕小混混
C. 貨真價實的鬼
D. 不知哪來的神經病
E. 黑道流氓

選擇 A： 選擇變態色老頭的你屬於「恍得非常出竅型」：恍神指數有60%。你的恍神很像是靈魂出竅，讓大家都想叫醒你、拉你回來。這種類型的人一般很重感情，會想很多，恍神的時候通常是在想別的事情，或是在煩惱。

選擇 B： 選擇年輕小混混的你屬於「恍得相當好笑型」：恍神指數約40%。你的恍神是可愛的，能夠帶給大家開心的感覺。這類型的人個性通常比較單純可愛，但是內心深處其實不喜歡被別人故意找碴或挑釁，一旦碰上了，會想趕緊逃走，逃得越遠越好。

選擇 C： 選擇真的鬼的你屬於「恍得非常冷場型」：恍神指數高達99%。你的個性天生就有冷場效果，只要你一開口說話就會冷

場。這類型的人較為膽小，他會恍神是因為很緊張，只要緊張就會腦袋空白。

選擇 D： 選擇神經病的你屬於「恍得很心虛型」：恍神指數20%。你的恍神常常讓你出糗，但是你真的不是故意的。這類型的人很怕有理說不清的感覺，其實他的腦筋很清楚，如果出現恍神是因為他真的聽不懂，多半不是他的錯。

選擇 E： 選擇黑道流氓的你屬於「恍得看不出來型」：恍神指數80%。選黑道流氓的你就算恍神，但是你的反應都還能掩飾得過去。這類型的人很害怕惡勢力，個性壓抑，為了工作會表現得相當盡責盡心，雖然恍神卻還是都能掩飾得過去，但並不是真正發自內心地做事。

Chapter 4

會說話是基本，心敬重才能被喜愛

——舉止有禮貌，說話有分寸

在本篇章節，「敢說話」已經是你的基本功了，你還需要調整說話的方式來表達出你對上司的尊重。你跟上司再熟悉，說話也得要有禮貌，也不要在你有求於人時，才想起「尊重」二字怎麼寫。我們說，表現出你對上司的尊重與敬意，是下屬博得主管信任的靈方妙法。尊重的話真心說，禮貌的舉止也要理所當然地去做，這樣做就對了！

表現尊重，禮貌用語多多益善

少偉大學畢業之後，來到了一家貿易公司任職。由於還是新鮮人，不懂的事情還很多，於是經常遭到主管的冷罵。

一天，他的主管劉經理和客戶談判很久，卻始終無法得出結論，他回到辦公室時，一副灰頭土臉的樣子，心情非常不好，劉經理不禁嘀咕著：「今天真不順，忙到午餐都沒時間吃，餓得要死，還要忍受客戶的刁難，唉……」。

少偉正巧聽到劉經理的嘀咕聲，他沒有放下手邊的工作，只是隨口說了聲：「辛苦了！」

可讓少偉沒想到的是，劉經理聽到少偉的話，一下子火氣都上來了。劉經理生氣地說：「什麼辛苦了？你乾脆過來拍拍我的肩膀說『做的不錯』好了，你以為你是誰啊？老闆嗎？」

少偉一下子傻了，不知所措，想說自己原本只是想關心他，但怎麼會反倒讓對方這麼生氣？接下來的幾天，少偉一直在意著這件事。

少偉是個認真的人，後來，他跑去書店買了幾本有關職場說話技巧的書，他才明白，原來「辛苦了」這句話，是主管對下屬、或是長輩對晚輩才適合用的慰問語。自己只是剛畢業的新鮮人，卻對主管說：「辛苦了」，難怪會讓原本心情已經不好的主管更加生氣。

少偉瞭解這些之後，誠懇地去向劉經理道歉，請他原諒自己這個菜鳥，而劉經理也大方地表示沒關係，自己當時也是在氣頭上。但他同時提醒少偉，以後無論跟哪一位主管說話，都要注意用詞要有禮貌，而且不能太過隨性。少偉點點頭，表示理解。

少偉的一句「辛苦了」，引起了當時心情不好的劉經理更大的火氣。也許有人會認為劉經理有些小題大作，但其實不然，不論是哪一個下屬對主管說「辛苦了」，主管都不會覺得太開心，只是每一位主管表現出來的方式不一樣。有的或許與劉經理一樣，覺得下屬：「會不會說話啊？」有的覺得不舒服，雖然嘴上不說，但心裡肯定會想：「我辛苦？那要你們有什麼用啊？」相信這是大多數主管會在心裡碎念的事情。

但是，像少偉這樣的菜鳥在面對忙碌的主管時，究竟要怎樣表達才不至於讓主管反感，又能將自己的關心完整地傳達給對方呢？其實很簡單，只要在「辛苦」前面加個「您」字，整個句子的語氣聽起來就好多了。「您辛苦了」除了能表達關心主管的辛勞之外，也同樣能表達對主管的尊重。

語言是人與人之間溝通的工具，而使用得是否得當，能直接反映出一個人的水準。在職場中，禮貌用語是溝通的基本，想學會與主管相處的技巧，就得要先懂得最基本的禮貌。如果不知道該怎麼有禮貌的說話，就很難贏得主管的重用了。

那麼，我們該如何使用正確的禮貌用語來表示對主管的尊重，以提升對方對自己的好感呢？

收買主管心·Tips·

公眾場合，只需要打聲招呼

在公眾場合遇見主管，別表現出太超過的熱情，你只需要禮貌地說一聲「早」或是「您好」就可以了，不要拉著主管的手嘮叨個沒完，讓對方不勝其煩。

在公眾場合保持距離，可以避開職場小人的耳目，若你在主管面前表現得太過熱情，讓其他同事看在眼裡，就有可能向你主管上面的主管打小報告，使其誤以為你和主管在組小團體。在職場中，特別忌諱同事之間搞小團體，甚至內鬨，因為這樣非常不利於公司的發展，多多少少會影響你和你主管的升遷機會。

有禮貌的說話，四海皆行

作為下屬，跟主管說話前要思考一下是否有禮；碰見主管時，要主動走上前和對方打招呼，如果距離太遠不便說話，便可以用眼睛注視對方，當主管與你的目光接觸時，只要點頭示意一下就可以了；如果雙方距離近，就要主動打招呼。

另外，在平常的工作當中，更要注意是否有禮貌。例如，要向主管請示問題，走進對方辦公室時，你要主動敲門，並且問一聲：「不好意思，

您現在方便嗎？」讓主管感受到你的尊重。如果你敲完門或者不敲門就直接推門進去了，會讓對方認為你沒有教養，不懂禮貌。

特定場合的禮貌

無論是在公司還是其他場合，如果主管在場，你有事要先走，都要記得說一句：「不好意思，我有事要先走一步了，下次見。」

又或者你邀請主管參加你的派對或是舉辦的活動時，主管如期到達了，那麼你一定要當面致謝，表示你的感謝。

在公司尾牙或者活動上，舉杯前要先等上司舉起杯子，你才能舉杯。或者你舉杯向主管致意時，一定要加上幾句：「我敬您」、「謝謝您對我的照顧」、「您辛苦了」等等。切忌不要拿著杯子一句話都不說，就直接一飲而盡，那樣會讓主管認為你對他或是公司有什麼意見，讓人感覺不好。

當公司發獎金或獎品時，無論有多少、好與不好，也都不要表現出不滿，並要及時向主管表達出自己的謝意。同時記得，不要將自己的獎金金額告訴其他同事，因為這也許是一種非公開的福利，不需要引起不必要的麻煩。必要時，你也可以在特殊節日回饋給主管一張賀卡來表示你的謝意。

給他隱私和權威，不在背後說主管的私事

梅梅最近換了新工作，公司的規模雖然不大，但是以自己的資歷來說，梅梅已經很滿足可以進去這樣的公司了。因此，她每一天上班都很認真，對自己的工作從來沒有懈怠過。

梅梅的助理工作很簡單，就是收發文件、翻譯資料等等。每天工作都不是很忙，而且公司未來的發展潛力很好，老闆對下屬的態度非常親切，同事間也相處得很愉快，梅梅很希望自己能一直在這裡工作到退休。

但是，有一天梅梅無意中聽到老闆與太太離婚了，而且可能的理由是外遇，梅梅非常驚訝，覺得自己無法想像待人這麼親切的老闆竟也會做這種事，於是便跟幾個較好的同事說：「我上次聽到老闆跟人講電話，好像是要跟太太離婚了，聽說是外面有小三，我真的無法相信……這麼好的老闆也一樣會背叛太太啊！」

同事們聽了都相當驚訝，不出幾天，幾乎全公司上下的人都知道「老闆有小三，要跟老婆離婚了」，這件事情後來輾轉被老闆得知，但老闆卻沒多說話。

直到一次會議，老闆在宣佈完公事之後，便開始跟員工們閒話家常：「我知道你們最近在說什麼八卦……為了避免誤會，雖然這是我的私事，但我還是澄清一下，我沒有離婚，也沒有什麼小三還小四，那是我的朋友在詢問律師的事情，還有贍養費的事情。」在座的人一聽面面相覷，卻又放下心了。

「所以……大家要記得，只有真相才值得你們追求，八卦什麼的，聽聽娛樂一下就算了，畢竟我們不是狗仔。」梅梅的臉都綠了，非常的自責。

「這次的八卦因為不是事實，所以我一點都不介意，如果在座的各位有感情上的問題，我也很歡迎你們來找我諮詢，我才能八卦一下。」老闆還開了個玩笑。

梅梅覺得自己真是糟糕，竟然誤會了自己尊敬的老闆，還大說他的八卦，心裡直想著：「下次誰的事都跟我無關了，果真是言多必失啊。」

文中，雖然自己被套上莫須有的罪名，但是老闆卻很大器，沒有對誰有任何指責，梅梅才因此能有改進的機會。假設今天是一個氣度較小的上司，那麼想必梅梅真是吃不了兜著走了。作為下屬，維護主管的尊嚴和權威，是我們最該做的事，必要時把責任攬下來，這樣能給主管極好的印象，也能幫你的職場生涯帶來轉機。

維護主管的尊嚴，不說主管的私事，是對主管的基本尊重，同時也讓自己「存活」在安全地帶，必要時不會被波及到，這不就是相安兩無事的最好做法嗎？

那麼，職場人該如何避免這些事情的發生呢？

收買主管心・Tips・

裝傻裝糊塗，讓你不受波及

每個人都會犯錯，主管也是。如果上司真的犯了錯誤，這種時候，我們要先學會能客觀地判斷，不能因為主管的一句錯話或錯事，就想著要跟誰一起把他打倒或是拉下臺。作為下屬，不要出現與上司衝突、對抗的場面才是最正確的自保之道。

不管在什麼場合，主管說錯了話，你都可以一笑置之，裝作沒聽見或沒聽懂。這樣裝傻、裝糊塗的做法，可以讓你不受波及，又可以讓主管免於處在尷尬或困窘的狀態之下。

切忌挖掘主管的秘密

在職場中，有些下屬以在主管的身邊工作，知道主管的秘密為樂，喜歡從自己的口中放送上司秘密，以顯示自己的身分獨特。其實，這是一種兩面刃的做法。

工作場合，想當然爾非常忌諱談主管的秘密。對於主管的秘密，無論是工作上的，還是私人的，不小心知道就算了，但不應該知道的就不要再刻意去打聽。作為職場人，不要有意識地去打聽主管的秘密，不要利用各種手段去探聽主管的秘密，更不要以談論主管的秘密來炫耀自己的厲害，這都是日子久了會出問題的大事。

不在背後八卦主管的私事

在職場中，常和主管打交道，就難免會知道主管的一些小道消息。你是下屬，就不要家醜外揚，隨意附和外面那些對主管不利的傳言。無論你自己對主管有多糟的意見和看法，都不要對外面的人廣為宣傳，更不要對內公開。要知道，詆毀自己的主管就是在「毀滅」自己。

我們應該站在客觀的角度上看待主管，對主管的私事不多說，用事實說話，聽到別人對主管的傳言，要認真對待。如果你是在主管身邊工作的下屬，一定要學會冷靜處理有關上司的傳言，在保證自己不散佈傳言的情況下，正視他人對他的八卦，無論是正面的、諷刺的、隱晦的都要聽，並且還要沉得住氣，不要隨便就跟著附和，更不要加油添醋。對傳言要過濾，如果是正面的、積極的傳言你可以利用它，但是誤解、詆毀的那類傳言就需要你的挺身而出。

為主管維護好形象

每一個成功的上司背後，都有幾個為他幫襯的下屬。作為職場人，要在公眾面前替你的上司維護好形象，你需要為主管的形象把關，讓居心不正的人望而卻步。

可以的話，還要為主管提供一些好建議、當他的好參謀。只有在下屬面前有好形象的主管，才能得到其他部屬的敬重，才會更有利於整個公司和你的發展。

主動道歉，是尊重上司的關鍵表現

健豪是一家公司的市場部經理，在他任職的期間曾犯下一個嚴重的錯誤。

公司的一名職員曾向他報告，上海有一家新合作的公司向他們下訂了十萬個電腦零件。但那時健豪因為忙，並沒有仔細研究訂單和對方公司的營運情況，就批准了那名職員的訂單。

工廠連月加班地將零件生產了出來，但準備交貨時，公司才知道，曾經向健豪報告的那名員工早已被獵頭公司挖走，那批貨即便是到了上海，也沒人知道貨款收不收得到。

健豪一時想不出補救的對策，一個人在辦公室裡焦急不安。這時他的上司吳總經理走了進來，而且臉色非常難看，不用想，肯定是想質問健豪這是怎麼回事。但還沒等吳總經理開口，健豪就坦誠地向他解釋了一切，主動認錯：「這是我的失誤，我一定會盡最大的努力去挽回損失。」

吳總經理被健豪的坦誠和勇於承擔責任的態度打動了，撥出一筆款項讓他到上海去解決這件事。經過一番波折，健豪終於聯絡好了那家新合作的公司，也確定款項會以分期的方式陸續匯到台灣，這件突發事件終於能夠順利落幕，健豪的挽救也讓他將功贖罪，上司並沒有再多說什麼。

健豪之所以能得到主管的原諒與不追究，在於他勇於主動承認自己的錯誤。職場中，下屬對於自己的不足或錯誤，如果能主動先讓主管知道，往往會有意想不到的效果，能重新贏得對方的信任。

一旦我們不小心犯下錯誤時，一定要及時地主動先向主管道歉與說明，並請求主管的原諒，最重要的是，你要找到補救的方法。

以下的道歉話術，可供大家參考：

收買主管心·Tips·

先說明自己的錯誤，再表示補救之意

當犯了難以挽回的錯誤時，下屬首先要坦率地向主管承認錯誤，並真誠的道歉，使對方的怒氣先平息下來。然後再向對方解釋自己失誤的原因，述說自己的難處，一般情況下，對方都會理解你這麼做的原因，原諒你的過失，並與你共同找出解決方法。

向主管表現出你有想補救的意願也是十分重要的，這表示，你並沒有忽視主管的心情，你有自我反省，同時也希望能有機會彌補錯誤，如此，主管也不會再多苛責你了。

切忌：不要為錯誤找藉口

有些下屬犯了錯誤，會習慣找各種理由來搪塞主管，但這其實就是在為自己的能力或經驗不足找藉口，而這樣做顯然是不明智的。藉口只能讓自己逃避一時，卻不可能讓人如意一世。上司聽了也不會舒服到哪去，同時，還不利於自己的往後發展。

職場人一定要記住，沒有人不會犯錯，但最正確的做法是，要正視自己的錯誤，以積極的心態去補救，而不是一味地逃避、推卸責任。

犯錯時，最好的方法就是老老實實地向主管承認錯誤，積極地去補救這個錯誤，這才是職場人應該學習的事情。

承擔責任是你該說出口的

一個主動向上司道歉的下屬，必定是一個勇於承擔責任的人，同時也表達出希望自己被諒解的期望，這樣的下屬，主管多半也會願意原諒。也就是說，作為下屬，在犯了錯誤時，最好可以表現出自己勇於承擔責任與想挽救的誠意，如此，他越是願意幫助你解決。

能夠承擔責任的下屬，不會認為道歉是一種屈辱，而是自己真誠的悔意，當然主管對這樣的下屬也會加倍地關心與指導。

道歉也要看準時機

向主管道歉要及時，更要選擇對的時間。如果時機不對，那麼即使你再有誠意，主管也不會接納，反之，還會碰得自己一鼻子灰。

道歉時應選在主管心平氣和、心情還不錯的時候。這種時候，他更容易接受你的歉意，而且還要抓緊時間趕緊道歉，不要拖延，越快越好。如果錯過了對的時間再道歉，不僅讓你更難以啟齒，還會讓主管認為你沒有誠意，失去道歉應有的效果。

先道歉，等主管冷靜再解釋

如果你因為失誤，與某個大客戶失之交臂，讓主管不滿地數落你說：「現在怎麼辦？你造成公司這麼大的損失？」這時，你只要說一聲：「對不起。」千萬不要就貿然解釋起來。如果你挑這種時候解釋，無異於是火上加油，等過一段時間之後，待主管情緒較穩定，再坦白地請主管原諒，並說明自己的原因，這才是聰明的補救方法。

主管訓斥也要耐心聽

真誠地向主管表示歉意之後，當然主管的怒氣一定不會馬上消失，他一定還會多臭罵你幾句。這時，你要做的就是耐心地聽對方說，讓對方發洩出內心的不滿。這需要一段時間，你不能操之過急，如果你耐不住性子、或是也被激怒地說一句：「我都道歉了，你還罵個不停，我有什麼辦法？！」這樣不但會前功盡棄，還會讓場面火爆起來，千萬要忍一時之氣。

在輕鬆的場合，主動示好

當你有愧於主管，或者是犯了錯誤時，你不妨在一些輕鬆的場合，像是聚餐活動上，主動向主管示好。在表示歉意時，也能表現出你對他的尊敬，如此一來，主管也會隨著時間漸漸遺忘你的錯誤，曾經的錯誤也會有雲淡風輕的一天。

跟主管再熟，說話也要有基本的禮貌

曉松在一家製藥廠工作，他個性熱情，對工作也認真負責，很受主管和同事們的喜愛。

一晃眼，他從研究所畢業到現在，也在這家公司四年多了，曉松對工作越來越得心應手。有一次，他為了向一手提拔自己的部門主任表示親切沒有距離，他便直接稱呼主任：「小劉」，而且還是當著同事的面，其中不乏剛來的新人，劉主任顯得很尷尬，但鑒於曉松一直以來工作出色，劉主任當時並沒有吭聲。

但是曉松卻很不識相，他看劉主任沒有什麼反應，還以為他默許了自己的叫法。於是，自此之後，他都用「小劉」稱呼劉主任，而劉主任的忍耐已經到了極限。

但他是一個有涵養的人，只是之後，他對曉松再也沒有露出笑臉，並且工作上的大小事他全委託給新來的大學生偉文。

時間一久，曉松也察覺出了苗頭不對，不禁對同部門的Andy抱怨：「劉主任也太小肚雞腸了，連怎麼叫他都這麼計較，不知道是怎麼當到主任的。」Andy和曉松的關係要好，於是直接地告訴他：「會發生這些事，是你自己太沒有分寸了，人家都是主任了，你還每天小劉小劉的叫，你這樣叫，不是讓他難堪嗎？」曉松想了想，無法作聲地嘆了口氣、點了頭。

我們說尊重，當然先表現在稱呼上。每一位主管都希望下屬尊敬自己，所以，一定會在意下屬對自己的稱呼。

在職場上，過分地表示親暱並不值得提倡，親暱只可以用在下班之後的非正式場合。職場人一定要掌握好稱呼的分寸，千萬不要熟了就沒禮貌的稱呼主管。

有禮貌的說話，是維護主管的威信。只要你能尊重上司，那麼對方會對你有一個好印象，你與他之間一定也可以建立出和諧的上下關係。這樣的上下關係對一個職場人來說很重要，因為它必定關係到你日後的職涯發展。

在與主管溝通時，你可以注意以下的基本禮貌：

收買主管心·Tips·

禮貌是做人的硬道理

無論在職場，還是生活上，有禮貌都是做人的基本道理，是別人對你的教養的初步判斷。無論是誰，都不要忘記「請」、「謝謝」這些再基本不過的辭彙，它會無聲地沁入對方的心田，讓對方對你印象良好。此外，不僅在說話上的言行舉止，我們在動作上也應該講究禮節。

例如，讓主管走在前面，你隨後；幫主管泡茶、倒水、搬椅子等等，這些看似是小事，但是卻能表現出你的個人教養。

肢體語言千萬要注意

身體的動作在人際關係之中，有著特殊的效果，它能表達出語言無法表達（甚至是隱瞞）的心思，能反映出對方此時此刻是什麼心態，還有一些被偽裝的深層意思。

與主管交談時，你要保持著身體直立並微微前傾的狀態，眼睛正視著主管，表現出認真聆聽的樣子，會讓對方留下深刻的印象，因為你表現出對他的談話有著濃厚興趣。

除此之外，你的表情要自然，不要太拘謹，要幹練、充滿自信地站在他面前，這樣他也會對你感到信心百倍。同時，要有適當的表情，面帶微笑，讓主管覺得你樂觀、開朗。

而在面對上司時，切忌習慣地翹起你的二郎腿，一副隨性的樣子，會讓主管心生厭惡。

態度謙虛、謹慎不用說

謙虛是華人的美德，特別在職場上的上下關係裡表現地更為明顯。

當下屬在面對主管時，必須要表現出某種低姿態，以強調自己在專業上的不足與虛心求教。在主管看來，謙虛就是對他的尊重，人要謙虛才能進步，一旦自大自滿，那麼這個人已經不會再進步了，因此謙虛的年輕人是特別值得培育的人。

當我們在表現自己的謙虛時，一定要強調主管的重要性與其豐富的經驗，來表達自己渴望學習的心情。

例如，你可以對主管說：「我年紀算輕，各方面都還不成熟，您經驗豐富，希望您能給我指點一二。」、「這個case是您的功勞，我只不過是輔助而已。」、「這次的任務，還請您多指點我。」

要知道，「謙虛」是做人的一種姿態，它並不代表下屬確實是有哪方面不足，或者是才能低下，「謙虛」是代表你願意接受主管的權威與指教。

你的態度，表現在尊重上司的決定上

信傑面試上了一家有名的公司，這在他的同學當中是很少見的，為此，信傑非常高興，他下定決心要在公司做出個成績。

公司是做外貿出口的，信傑的工作也很簡單，就是翻譯與國外客戶往來的文件資料，這對外語學院畢業的信傑來說難度不大，他做得很開心。

信傑的主管黃經理是位四十歲左右的中年人，脾氣很好，對待下屬也和藹可親，信傑非常慶幸找到了好工作，還能有一位好主管。

但是，好景不長，由於海外金融危機的爆發，信傑公司的生意直線下滑，不但利潤少，銷售量更是直線下跌，國外很多人都失業了，誰還有能力和意願買進口產品呢？

信傑公司的總經理高總很苦惱，誰都不清楚這場金融風暴還會持續多久，眼看著自己的產品大量滯銷，同時還要支付全公司上下幾百人的薪水，高總自覺很難應付。

一天，高總召開緊急會議，各部門主管都必須出席。在會議上，高總把當前的狀況跟大家做了說明，請大家討論如何度過危機。各部門的主管開始發表意見，最後一致通過，非得裁員度過這次的難關不可。

第二天，黃經理向自己的部門宣告了這個消息。隨後，黃經理找了信傑來，他說：「信傑，你工作很認真、很積極，但是你是我們部門裡資歷最輕的員工，那些老員工都跟著公司出生入死這麼多年了，還有家裡的孩子要養，不得已，我們只能下個月辭退你，希望你能理解我們的難處。」

信傑聽完，心裡很難受，本來想在公司裡認真個幾年，沒想到卻成為這次金融危機的犧牲者……但難過是沒有用的，於是他對黃經理說：「嗯……我瞭解您的意思，也尊重您的決定，雖然我很喜歡這裡，但我多少也能理解公司的難處，謝謝這些日子您對我的照顧……」信傑沒有再說什麼，跟主管握了個手，輕輕地把門帶上。

隔天，黃經理又找來信傑談話，他說：「昨天，我跟高總說了你的情況，高總說你不用離開了，我們部門人本來就比較少，你又是個人才，你可以繼續留在這裡……」信傑聽了，露出不可置信的笑容。

無論主管提出什麼樣的工作安排，也許你有很難理解的時候過，但即便是這種時候，你也要尊重他，不要當面頂撞他，試著理解他、支援這樣的工作安排，試著以主管的立場思考一下。

身在職場，想要與主管有好的協調關係，那麼「尊重主管的決定」這個大原則必要遵從。尊重是互相的，作為下屬，就應該表現得積極主動一些。

華人都愛面子，特別是位高權重的人把面子看得更重要。他們很注意下屬對自己的態度，將此作為判斷下屬尊不尊重自己的標準。

有時候，下屬一句不經意的話，都會讓主管覺得自己的威嚴受到傷害，所以，職場人在說話時，一定要特別注意，話裡話外都要表現出你的「態度」。

那麼，如何應對上司才能表現出你的態度呢？

收買主管心·Tips·

受到批評也要態度誠懇

在日常生活中受到主管的批評是常見的，我們一定要有度量且態度誠懇地接受批評。通常主管最忍受不了的是，下屬將他的話當成「耳邊風」，對批評不痛不癢，我行我素，或許還很不服氣。這種態度當然會讓主管惱火，他會覺得你根本沒將他這個主管放在眼裡，甚至，沒有自省的自知之明。

而誠懇地接受批評，能表現出你的上進心。有時候，即便是主管批評錯了或不是那麼客觀，但如果你能誠懇地接受下來，對方也不會再大動肝火。事後，若有機會讓他知道那真的不是你的錯誤，那麼他定會對你另眼相看，你當初的虛心接受反而一躍成有利因素。

而有些人，無論是在生活上，還是工作上，完全吃不得虧，錙銖必較。面對到不是自己的錯誤時，一定要爭得你死我活，從來不會服氣上司對自己的批評、指導，總是不顧彼此的顏面而當場辯駁。

當主管看到這種態度時，很難不讓彼此的關係更惡化，對方會認為你「說不得」、「罵不得」，進而產生你這樣的下屬我「用不得」、「提拔不起」的想法，如此，最後吃虧的還是你。

服從上司的命令是必須的

沒有服從的態度，你就無法在職場中立足。作為下屬，服從上司的工作安排是理所當然的。

有時候，面對主管安排的艱難任務，即便自己做不到，也要在對話裡表現出你的誠意。例如，你可以這樣回絕主管：「我很高興您安排我這次的任務，但我的能力有限，這次的工作我恐怕不能勝任，需要幾個人協助，請您諒解。」即使最後你仍無法做到，主管也不會再為難你。

作為下屬，絕不能對自己無法完成的任務，直接拒絕或是出言不遜：「這次的任務太困難了，還要我一個人完成，這不是找我麻煩嗎？我手上的事情很多，沒有太多的時間處理這件事。」如此直接地將主管的安排回絕，是最糟糕、最笨的解決方式。

主管有難，替他解圍

你有時會面對到主管與他人談話的情形，這時就要對第三者的談話提高注意力，當對方說出對主管不利的話時，若你能適時地跳出來緩頰、替主管解圍的話，那再好不過了。

作為上司，他也有需要別人支援的時候，如果這種時候，你能給予他必要的支援，主動為上司說明並做好協調工作，自然而然他就會注意到你的用心，如此是有益於你的。

當你不小心讓上司對你印象不好時

主管理所當然會在意下屬對自己的態度，如果下屬並不服自己的管理，那麼他定會對這樣的人產生反感與無視。如果你因為不小心說錯了話、或是做錯了事而導致主管的不滿，那麼，如果你還想在公司待下去的話，請務必要主動解開彼此的心結。

聰明的職場人要會察言觀色，如果主管對你的表現出現了不悅的神情，或是無視於你的做法，那麼你必定要找個適當的時機與對方談談、表現出你的「服從」，讓他消除對你的誤解。

例如，可以的話，在重要時機替對方解圍、主動與主管一起背黑鍋、向主管表現出你的誠意、聽從主管的安排等。這樣做，對方自然會漸漸消除疑慮，將你看作自己人而不再挑剔你。

別在有求於人時，才想起尊重二字怎麼寫

超群的個性穩重、口齒伶俐，在公司擔任業務。由於他出色的表現，以及連續十個月來業績排名第一的成績，超群很快就被晉升為業務主管。

超群的頂頭上司偉雄是個沉默寡言的人，個性孤僻，很少與下屬打交道。在偉雄的領導之下，超群很是壓抑，於是他開始想辦法弄走偉雄。藉著與同事之間的關係不錯，超群在很多場合都有意地將偉雄孤立起來，在工作上，超群也是越俎代庖，想在權力上「架空」偉雄，這些舉動都讓偉雄很不高興。

更過分的是，有一次，客戶向偉雄投訴，有一名業務員頂撞他，讓他非常生氣。為此，偉雄召開緊急會議，對大家說：「昨天有客戶向我反應，我們的業務服務態度很差，說話有頂撞的語氣。」偉雄的聲音雖然不大，但是嚴肅的表情卻讓每個人都感受到了事情的嚴重性。

稍停片刻，他繼續說道：「我記得跟大家說過，遇到難伺候的客戶時要沉得住氣，我也知道那不是一件容易的事，但是，情緒這個東西是可以經由練習控制的，真的想發脾氣的時候，就先深呼吸，然後在心裡默數，從一數到五，冷靜了再跟客戶溝通。」

偉雄的話才剛說完，超群便接著說：「那萬一數到五還是很火大怎麼辦？」

「那就數到十，但你要先掛電話處理好情緒再跟客戶溝通。」偉雄沉著臉說。

「但是如果我還是怒氣未消，那該怎麼辦？」超群不急不緩地接著說。

偉雄此時看出了超群明顯在跟自己找碴，本想臭罵他一頓，但轉念一想：「算了，他不尊重我是他自己的損失，沒什麼好浪費時間的。」偉雄沒有再多說話。

過了一段時間，超群與台北一家公司洽談長期的合作意向，如果與這家公司交涉成功，不但有利於公司，而且對超群的個人發展也有相當的幫助。但越是重要的客戶，越難拿下，而且不只超群在與其交涉，還有其他家公司都想拿下這筆大訂單。

對方公司仍然躊躇不前，讓超群像熱鍋上的螞蟻，急得焦頭爛額。突然同事小張提到：「我聽說那家公司的老總跟偉雄關係不錯，看能不能讓偉雄從中周旋一下……」小張的話說得很委婉，但超群也聽明白了，是想讓他去拜託偉雄，讓偉雄出面，拿下這筆大訂單。

超群聽了很為難，想起自己過去的作風，實在無法開口。但轉念一想，為了工作，為了自己的前途，超群決定還是去向偉雄求個人情。

一天，超群敲了偉雄的門，偉雄並沒有正眼看他，超群很尷尬地說明了來意，並且表示以前的事情都是自己的錯，請偉雄原諒。但偉雄卻說：「你來晚了，這訂單我已經交給其他人處理了，而且他也已經拿到了，你回去吧。」超群聽了，心涼了半截，他這才醒悟過去沒把他放在眼裡的後果，但後悔已經來不及了。

超群的失敗，在於他平時不在乎尊重主管這件事，等到有事發生，需要麻煩別人時，才想起對方的重要性。雖然他有實力和人脈基礎，但他卻忽視了頂頭上司的重要，雖然偉雄也許有些地方不如他，但畢竟人家還是主管。

作為主管，下屬就必須有基本的尊重與服從，如果只有在需要主管的幫助時，才想起要好聲好氣地對待人家，那當然為時已晚了。

但是很多下屬會犯這樣的毛病——那就是自以為功勞大，就可以在主管面前為所欲為、不知收斂。但其實這樣的做法很不恰當，他之所以能當你的主管，必定有他的過人之處，而你在他的手下做事，當然處處都要請示他，如果平時你不懂得尊重對方，只有在有求於人的時候才想起上司的好，那就是標準的「無事不登三寶殿」了，對方哪會那麼容易就買你的帳呢？

所以，從現在開始，就在言行舉止上表現出對主管的尊重吧！你可以做的是：

收買主管心·Tips·

永遠不跟主管諜對諜

有些下屬，不知道自己幾斤幾兩重，卻認為自己各方面都比主管強，認為主管不配作為自己的主管，於是千方百計地找主管碴、不服從主管的命令、時常與主管的意見相左、不認同主管的做法、對主管的指示陽奉陰違等。這樣的下屬，主管表面上看來可能無所謂，但內心裡一定非常厭惡，並對他不信任。而一個被排除在主管核心範圍之外的人，在公司裡的地位必定岌岌可危，不但會被其他人排擠，還有被辭退的風險。

所以，在職場中必定不要跟上司互找麻煩，他的經驗比你豐富，你不一定鬥得過他，更何況，這是對你完全沒有好處的行動，何必自找麻煩、挖坑讓自己跳呢？

關鍵時刻，要給主管面子

上司不是萬能的，對於主管錯誤的決定導致的後果，絕對不要當面指責或批評，應該私下溝通，以達到往後彼此合作的共識。如果你沒有注意場合，而當場指責主管的錯誤與問題所在，會讓他非常難堪與尷尬。這樣讓對方怨恨你，有必要嗎？

當上司與其他人爭執時，你當然也要為主管說幾句話，關鍵時刻要替主管解圍。不要眼睜睜地看著主管敗下陣來，你還無動於衷、不發一語，雖然也許這之間的事情與你無關，但你這樣事不關己的態度還是會招致主管的不滿。

這不但在外人面前讓他丟臉，還讓他覺得你根本不會去幫他一把。而一旦對你有了負面印象，就很難挽回了。

平時沒禮貌，有事沒人幫

在職場中，由於是同事關係，因此每天都會見到面，而有些人久了就會太過當自家人，常常連招呼也不打，就直說重點，不顧慮對方的情緒。「失禮」是職場的大敵，即便主管、同事平時嘴上不說，但心裡卻會埋下不舒服的種子。

無論何時，作為下屬，都要注意平時和主管打交道的過程當中，不要太親近、不要因為太熟就失了禮，要經常讓主管感受到你很在意他、尊重他。如果你老是對主管像哥兒們一樣地說話，就會讓他覺得你不懂禮貌、不懂得人情世故。

更何況是平常都沒什麼禮貌了，等到有事時才顯得客氣隆重的那種下屬，那不讓人覺得噁心做作才難呢。

不是拘束，尊重過猶不及都不好

宏華的上司是一位年過四十的女性。宏華從小到大，無論是在家裡，還是學校，他都被教導要有禮貌、要謙虛。有時，忘記跟親戚打聲招呼，也會受到父母親的處罰，這點在宏華小小的心裡留下了陰影，以至於他的成長過程是不敢有半點妄為的。而初入職場的他，面對四十多歲的女性主管，他經常提醒自己要有禮貌，不要說話輕浮，以至於在不斷地提醒當中，成為了一種拘束。

一天，宏華外出回來，在等電梯時遇到了主管，他有禮貌地和主管打了招呼之後，便陷入了沉默，不知道該說什麼才能讓自己不突兀，他腦子裡開始快速找起話題，好不容易熬到了電梯停在辦公室所在的樓層，這時，宏華才想到可以向主管簡單地說一下外出辦事的情況。但是，已經來不及了，所以宏華決定一會兒之後再去找主管彙報工作。

下午三點鐘，宏華來到主管辦公室報告時，發現自己原先的內容，因為自己過分在意主管的想法，而變得囉囉嗦嗦，讓主管聽得很不耐煩。於是，主管手一揮說：「等你想好了再跟我說吧。」宏華只好一臉沮喪地從辦公室裡出來。

上司大多喜歡大方自然的下屬，一個過分拘束的下屬，會讓主管覺得他是一個沒有自信、沒有能力、較為平庸的人，這樣的下屬，又怎會得到上司的欣賞呢？他又怎麼能放心地將其安排到重要的位置上呢？

在職場中，我們都需要尊重上司，但一定注意要有個限度，不能讓尊重成為你的束縛，否則我們將會綁手綁腳地不能正常做自己的工作。與主管相處，尊重是前提，但也要表現得自信而不高調、誠懇卻不唯唯諾諾。只有與上司坦然地相處，才能讓對方更清楚你的想法、才能，也才能夠安排更適合的工作給你，更好地栽培你。

那麼，你該如何自然地表達你的尊重呢？

收買主管心·Tips·

與上司談話，像尊重自家長輩

與主管交談時，要真誠自然，沒有人喜歡跟虛情假意的人來往。你越是點頭哈腰，主管對你的印象就越差。在與主管的來往當中，要表現得自然輕鬆，即使讚美也要說得不露痕跡，給主管一種優越感，那麼自然會讓主管喜上眉梢，對你照顧有加。

其實要表現出對主管的親暱，作為下屬，大可不必刻意行事，只要放鬆下來，像平時尊重家中長輩一樣地自然流露，創造出輕鬆的談話氛圍，這樣主管自然也能接受。

不同個性的主管，不同相處之道

每個人的個性、工作方式、喜好都不同，相處之道也就不同，所以想要讓自己的「誠意」不至於被冷落，就要全面地瞭解主管，知己知彼，百戰不殆。

例如，對待做事嚴謹的主管時，你就要同樣地認真，不要輕浮、草率，以免讓主管看不慣；而面對做事大剌剌，不拘小節的主管時，你同樣也要表現得輕鬆自然，不要過分拘謹，讓他對你失去耐性。

現在，就拿出自信吧

由於上下關係的緣故，很多下屬在主管面前沒有自信，覺得自己低人一等。有這種想法的職場人很多，他們有著很強的尊重主管的意識，只是沒有自信，或是沒有很好的表達能力，所以就表現得唯唯諾諾。

其實自信是一種最堅強的內在力量，自信的人能發現自身的價值和潛能，如果一個下屬經常表現得很有自信，那麼主管定會覺得這個人是個可造之才。

例如，主管向你下達一項艱難的任務，你因為沒有自信而表現出猶豫的神情，這樣一來，你這就是不尊重主管的表現。其次，主管向你下達命令自有他的道理，他相信你能完成，如果你能堅定地說：「交給我吧，沒問題。」主管就能感受到你是一個積極的人。

所以，從不要害怕自己說話不周到而妨礙到主管，過分的拘謹只會讓對方不能信任你。

丟掉你藏著的假正經

在職場中，有些人跟自己的朋友、或是同事聊天都能很輕鬆自然，遊刃有餘，但是一旦面對的是主管，就會表現出相反的態度，並會認為那些在主管面前侃侃而談的人是在老虎面前耍威風，覺得他們有阿諛奉承之嫌，令人鄙夷。但這種想法是大錯特錯的，要在這個社會上立足，處理好與上司的關係是必要的。

例如，彙報工作時說話要鏗鏘有力，不要含含糊糊，不知所云；主管有喜事，把他當成朋友那般地大聲祝賀他，不要怕說錯話而小聲說話；對於工作任務，主管徵詢你的意見，你要自信地說出自己的想法，不要因為擔心有悖主管的看法，而不敢發表己見。記住，主管都喜歡說話有力的人，不喜歡那些藏著的假正經。

謙虛，也要有個分寸

在工作場合，謙虛、謹慎必不可少，與主管交談，必定先三思而後行，不該說的話不說，不該做的事不做。

但凡事要有個分寸，過分謹慎，就會走向另一個極端，如果在主管面前大氣不敢出，這樣看似是尊重，實則是膽小怕事的表現，怕那個怕這個，說話婆婆媽媽、做事唯唯諾諾，在無形之中就失去了主管賞識你的機會，也失去展露才華、發揮才能的時機，進而在職場競爭之中失利。所以，謹慎也要有個分寸，太過了就變成了虛假。

感情再好，也要說符合身分的話

清華是一個個性很直接的大男孩，生活中的他是一個朋友多、人緣好的開心果。但在工作上的結果卻是相反的，同事們常為他這種說話太過「白目」的毛病所惱怒，只是迫於上司的壓力，不敢真的發洩出來。

說起來，清華和他的上司Ken很合得來。雖然有時候，清華的粗神經也會惹惱Ken，但Ken是個EQ極好的人，一般情況下，都會一笑置之。

Ken之所以跟清華合得來，是因為他們不只是在工作上能夠配合，就是興趣也是驚人的相似。例如他們都喜歡Linkin Park的歌、都喜歡打籃球、都喜歡A&F的衣服、都喜歡用某一牌的髮蠟等……因此兩個人在私底下就成了無話不談的哥兒們。

有一次清華與Ken不約而同地穿了一件同款式但不同顏色的衣服，兩個人便互指對方抄襲，玩鬧過了頭，引來了其他同事的非議。Ken後來反省身為上司不應該跟下屬太過親近，便在公司有意地疏遠和清華的距離。

但是清華沒有意識到這點，依然我行我素。一天，Ken下班之後仍在辦公室裡接待客戶，清華敲門進來後，以為沒有別人就朝著Ken喊道：「Ken！下班打球了啦！還在這幹嘛？！」此時Ken皺了個眉頭說：「你這是什麼樣子！這裡是辦公室！」清華這才發現沙發上還坐著幾位西裝畢挺的客戶，於是他的臉瞬間發青，趕緊道歉，接著奪門而出。

不久之後，清華就被調離了原本的工作崗位，而他最後也從Ken口中知道原因了，也能理解上司為何這麼做。

與人來往當中，我們要記住自己的身分。清華到底錯在哪裡？他錯就錯在他沒有記住自己是下屬的身分。無論什麼時候，主管就是主管，下屬就是下屬，即使你和他的關係不是一般，但仍要如此。清華因為和主管走太近了，而忽略了分寸，影響了自己的發展。在開口說話前，我們一定要注意到自己的身分，這樣說出來的話才不至於荒腔走板。

有些職場人是典型的「直腸子」，想到什麼就脫口而出，導致招致了主管和同事的反感，自己卻毫不知情，不知不覺就被其他人排擠了，甚至到這種時候也不知道自己是哪裡做錯了。

你是下屬，你當然可以跟主管們打成一片，但可千萬別忘了自己的身分，至少要清楚地記得：雖然我和主管的感情很好，但在工作上我還是得聽這個人的。

在與主管交談的時候，要考慮到：自己要說的話會不會引起主管的不快？自己要做的事會不會太超過？要用符合自己的身分、適合當下場合的話語交談，才能不踰矩，從而展開「好」的交流。

具體來說，你需要注意以下幾個重點：

收買主管心·Tips·

給自己一個清楚的定位

在職場中，每個人都有一個職稱，而這個職稱就是你自己的身分代表。從進入公司的第一天起，就要給自己一個清楚的定位，然後做符合自己職稱的事情。

有些不明就理的人，認為自己做得越多，越能得到主管的器重。所以，他們往往不分輕重地把大大小小的事都攬在自己身上，不但忙得焦頭爛額，成效還不彰，甚至會招致主管的反感。

這樣的想法並沒有錯，但是造成這種「結果」的原因，就在於這些人沒給自己一個清楚的定位，他們往往攬了一身大小事，甚至做了超過自己職務的事情。無論是下屬，還是主管，都有自己的分內之事，如果你把主管的事情給攬了過來，主管自然會不高興，認為你是不是想越位奪權，也就不會太信任你。

另外，無論你多受主管的信任與器重，都不能否認主管的權威是不容忽視的。如果你忘了這一點、忘了自己的身分，說了不該說的話、做了不該做的事，那麼你也無法期待你的職場生涯會多順利的。

態度要謙遜，說話要誠實

與主管相處，態度謙遜是十分重要的。因為謙遜能表現出你有自知之明，願意跟別人學習，能認清自己在職場中的位置，有向主管學習的意願

與態度。上司當然都喜歡那些「孺子可教也」的下屬。

說話要誠實，不要在主管面前說大話，弄虛作假。如果主管知道你在欺騙他，不用說他會認為你把他當成傻瓜，如此的下屬，又怎麼能不「讓他走」呢？

不要鋒芒太露，咄咄逼人

有才能的下屬，對上司來說是非常難得的。直接地說，有這樣的下屬做事，主管絕對放心，能省掉主管不少麻煩事；次要來說，他也得到了一個強而有力的助手，幫自己出謀劃策。但是，作為下屬，可不能因為自己有點才幹，就在主管面前一副咄咄逼人的氣勢，這樣的人，主管必定會為他的狂妄自大而除去他。

有才之人須自愛，如果常常自我感覺良好而趾高氣揚、目無主管，對主管的決策不是提出尖銳的意見，就是不分場合地加以評論，那麼，這樣的人想必世界之大卻無處可容身。

在職場中，做什麼事情都不要鋒芒太露，這不僅僅是一種生存方式，也是一種聰明的競爭方式。

接受批評，要大方

有些下屬，覺得自己的實力堅強，因此對主管的批評不以為然，或是因為無法接受批評而憤怒，這些都不是作為職場人該有的反應。

犯錯是人之常情，如果你的工作上出現問題，主管總要批評指導。「犯錯」的本身並不影響上下關係，主管也不會因為一個錯誤而刁難你一輩子。這裡的重點是，下屬犯了錯誤之後，接受主管批評的態度為何，正確的做法是你必須誠懇地接受。

如果下屬被批評之後，擺出臉色，會讓主管認為你不服氣，有意頂撞他，如果你讓主管心裡對你產生這樣的想法時，那麼你的職場生涯只能說會很坎坷。

表達建言，也要注意深淺

向主管提建議時，要把握說話的分寸，不要認為自己私下跟主管關係不錯，就沒大沒小地說一堆。不要急於否定主管的看法，要態度認真，誠懇地提出問題的關鍵所在，以及主管看法的不可行性，這樣對方就能容易接受。

另外，因為你長時間與主管相處，非常清楚主管的個性，嚴肅的主管你不妨用書面的建議；自尊心強的主管你不妨採用私下的建議；大剌剌的主管你不妨使用玩笑的建議。總之，不要因為提出建言而讓主管對你產生不好的印象，這才是最划不來的。

人前人後，都要尊重

有些下屬由於與主管私交較好，在人前還能保持最起碼的尊重，但是在人後就會表現地太過隨意、散漫。對主管的稱呼隨意過了頭，對主管提出的問題也不正經回答，像這樣的做法，往往會讓主管嘴上不說，心裡卻不是滋味。

作為下屬，不管人前人後，對主管都要一樣心存敬重。主管的問題要回答得清晰有力、要馬上回應。如果因為關係好，對主管的問題隨性回答，不當一回事，那麼不僅是不把他這個人當一回事而已，還會讓他很不舒服。

職場測驗 Workplace Test!

你勾心鬥角的指數有多高？

如果你是小牌的酒店小姐或酒店牛郎，因為業績太差，於是媽媽桑指定要你陪三位客人喝酒。如果是你，為了提升自己的業績，會選出哪一位呢？

A. 最低價碼：滿頭白髮、牙齒鬆動的老人家
B. 中高價碼：有百斤重、面容醜陋的大胖子
C. 最高價碼：黑道某幫派的凶狠老大或大哥的女人

選擇 A： 選擇老人家的你，勾心鬥角指數20%。
覺得在工作上本來就要靠實力的你，覺得勾心鬥角實在沒必要、也很蠢，認為天下本無事，何處惹塵埃。不想為自己找來太多麻煩。勾心鬥角是你不屑去做的事情，你認為公道自在人心，如此報復反而有損自己清白，不如活在自己的世界裡，做好自己的工作就好了，不想花太多時間跟別人鬥來鬥去。

選擇 B： 選擇大胖子的你，勾心鬥角指數60%。
你只有在遇到對你有威脅的人的時候，才會勾起你反擊的心態，你從不會自己去找別人麻煩。總是覺得自己把分內的事情做好就OK了，不需要去搞那些鉤心鬥角的麻煩事來升官，你認為這樣的生活太辛苦了，所以除非有威脅出現，像是某個人開始威脅到你的生存空間時，你才會認真地出手反擊。

選擇 C： 選擇凶狠老大或大哥的女人的你，勾心鬥角指數高達90%。

你最狠！你不出手則已，只要一出手，就保證毒辣！你的個性比較極端，一面是溫良恭順的好好先生或好好小姐，但另一面可能是狡詐毒辣的梟雄或蛇蠍婦人心。平常表現得非常親切，但是在內心深處卻有一本「記恨」筆記本，如果有人太白目或是有競爭對手出現了，私下你就會換張臉，找出幾招能致對方於死地的計謀來回報對方，像這種時候你絕對不手軟。

Chapter 5

會做事還要夠服從，得主管信任才有機會

——服從要情意真，說辭要夠切實

贏得同事的友誼很重要，但更重要的是贏得上司的信任，同事的擁護能帶來好人緣，而上司的信任能為我們帶來更多機會。我們可以說，贏得同事心是銀，贏得上司心是金。若你能多想想主管的感受，他就能考慮更多你的疾苦；若你能表現出積極與服從，主管對你的好感度也能馬上升級；若你能贏得信任，就能贏得自己的美好未來。

及時彙報，消除主管後顧之憂

宜靜現在是一家公司的公關經理，從大學畢業到現在兩年半的時間，部門裡幾經調動，只有宜靜仍然保持著順勢，一路升遷上去，從最初的秘書做到現在的經理。對一個年輕女孩來說，的確不容易，而她向同事透露的秘訣就是：及時且如實地彙報工作進度。

初來公司時，作為總經理秘書，宜靜為了工作非常努力。一次，公司的長期合作夥伴，新加坡公司的主管要來台北開會，通知早早就下達給了總經理。於是，林總吩咐宜靜為即將到來的十個人訂飯店。而對方要求了五間連在一起的房間，最好能面對淡水河看看夕陽。宜靜從網路上搜尋飯店的電話，趕忙打電話去問，結果多數飯店都無法達到這個要求。

於是她回覆給林經理說，沒有一家飯店可以滿足這個條件，但她會繼續找。而林總只是回答：「我瞭解了。」宜靜就繼續詢問其他飯店，最後，終於有一家飯店有四間連在一起的房間了。她馬上告訴林總：「現在找到了一家飯店，但很可惜只有四間房間連在一起。」她表示還會再詢問看看，而林總的回覆仍然是：「我知道了」，除此之外什麼都沒說。

宜靜跟飯店交涉了很久，但是飯店表明無法臨時變更其他客人的房間，請她見諒。於是，她告訴林總，如果真的要解決這件事，到時恐怕自己得去飯店一趟。後來，在新加坡公司的客戶到來前一天，宜靜開車到那家飯店，問櫃台經理：「請問那第五間房間的客人到了嗎？」，「那是一對夫婦，傍晚要來check in了，我們實在無法這麼臨時變更他們的房間。」經理回答。

於是，宜靜決定坐在那裡等。之後，那對夫妻到了，還帶了一個小孩，看樣子是來台北玩的。宜靜看見了便走過去說：「小姐您好，我是登記在你們隔壁四間房間的房客，我姓李。因為我們公司客戶人數的關係，想請問您願不願意換個房間呢？他們需要五間連在一起的房間。」

太太聽了，說：「換房間？但是如果沒有比較好的話，我們不太想換呢。」，宜靜又說：「您說的是，我剛才有詢問過飯店了，還有一間view更好的房間，但是貴了一些，如果可以的話，我可以貼升級的錢給你們，這樣你們願意換嗎？」，太太很疑惑地說：「真的嗎？」，「是的，我願意貼補多的金額，請你們幫個忙。」宜靜請求地說。

於是，那對夫妻拿了行李，帶著孩子，由服務人員領去別的房間了。宜靜便打電話給林總：「房間沒問題了，在淡水的○○飯店，十樓，五間都連在一起，面對淡水河，明天他們來了就可以check in了。」，林總聽了說：「你做得非常好，很機伶。」

第二天，新加坡的客戶到了，林總陪著他們看房間，對房間的位置和景色都非常滿意，於是讚揚了宜靜一番。儘管宜靜為了搶這第五個房間而自己先掏了腰包，但是她願意做這件事來讓公司的事務圓滿，林總當然就把她放在下次的升遷名單裡了。

作為下屬，如能及時且如實地向上司彙報工作狀況，以消除他的後顧之憂，那麼職場生涯必定是一帆風順的。對主管安排的任務，無論你完成與否，都要及時彙報，做下屬的人，越早養成這個習慣越好，這樣做，主管一定更信任你，且會對你很放心。

職場中，有些人深知向主管彙報工作的重要性，所以，他們經常出入主管的辦公室。一些不知情的人，就會把經常跑辦公室的人看成是「小人」，甚至覺得主動彙報工作情況有裝熟、阿諛奉承之嫌。他們認為只要完成交派下來的任務，就是萬事大吉了。

但是這樣想是錯的，有些工作出色的人卻得不到應有的重視，這都跟他們沒有及時向主管彙報工作有很大的關係。因為上司會覺得你是不是自我意識過高，不重視他，覺得他可有可無。如果你讓對方產生這樣的想法，那麼就會加深上司對你的誤會，覺得你是一個不服從上司的下屬。

我們都應該適時地向主管彙報工作，這可以讓彼此的關係有良性循環，並加強主管與自己的連結。加上，及時的回報，可以避免工作上可能發生的失誤，主管也會對你的工作給予相應的指點，有助於你順利完成，這不是很好嗎？

而我們在向主管彙報工作時，應該注意哪些事情呢？

收買主管心·Tips·

彙報工作，要有耐心

有時候，主管對你彙報的工作狀況或結果，難免不能完全理解和體諒，此時就有可能招致主管對你的批評和指責。

這種時候，你也不要很容易地就受到打擊，要充滿信心，保持耐心地跟他溝通，直到對方明白你要表達的意思，雙方能有共識為止。千萬不要覺得對方太難溝通就直接放棄了，否則，這樣的工作彙報也是沒有意義的。

彙報工作，不要囉囉嗦嗦

彙報工作是好的事情，但是你要記住，主管很忙碌。所以，在跟對方報告工作狀況時，不要東拉西扯、聊東聊西，把時間放在說明你最近工作的結果，或是碰到什麼困難的過程上，開門見山地把結果直接告訴他，報告主管最關心的事情，省略一些可有可無的小事。如此，既節省時間，又能除去雜質，簡明扼要地表明自己的觀點。

彙報工作，要有技巧

下屬向上司彙報工作的目的是，除了提出工作上的困難之外，還必須提出解決問題的方法，不是提出了問題，就丟給上司解決。

而主管聽取你的工作狀況，除了掌握進度之外，會權衡你的企劃案是否可以做？是否應該批准？問題是否這樣解決最好？主要不是幫你想這個問題該如何解決。

所以，下屬在報告工作情況之前，最好準備多種的企劃案或解決方法，將其利弊加以比較，再向主管闡述清楚，以提出自己的見解。

彙報工作，壞消息要快解決

有些員工，雖然知道要及時向主管報告工作進度，但他們在思考上總會有一個誤區，那就是——有好消息就及時彙報，壞消息就不敢說出來，想延到最後那一刻再說。

但是這樣做是「危險」的，請立刻改掉這樣的習慣。當你在工作上犯下錯誤，或是碰到困難時，不要隱瞞，任何事都是一拖再拖就會一發不可收拾，不要讓「災害」持續擴大，這才是聰明人的做法。

時常表示忠心，上司當然更能信任你

明峰是一個非常有才能的年輕人，研究所畢業之後，他幸運地被著名的企業錄取，擔任公司的技術人員。憑他的專業實力，加上很懂得向主管表現忠心，僅三年的時間內，明峰便被公司任命為技術主管。

公司的經營模式是不斷的創新，以迎合多變的市場。也因為目標是走在技術的尖端，因此在同行之中，明峰的公司始終都是領導者的地位。在同一座城市的競爭對手A公司，看到了明峰公司的業績長紅，不禁憂心起來，於是他們想盡方法攀關係，想接近技術主管明峰。

一次，A公司的總經理親自打電話給明峰，想請他吃個飯。明峰本想一口拒絕，但他想也許能從對手公司探聽到什麼有用的情報，便答應欣然前往。A公司這位總經理對明峰非常客氣，並老實跟他說，想讓明峰跟他們透露一點公司裡的商業機密，並允諾只要明峰答應，他就會給明峰非常可觀的回報，也願意讓他去他們公司擔任更高的職位。但明峰只是微笑著拒絕了。

第二天，一到公司，明峰就直接往主管的辦公室去，他的頂頭上司宋總經理趕緊要他坐下。明峰笑著說：「宋總，我來跟您說一件事。」，宋總經理說：「你說吧。」，明峰接著：「在我說這件事之前，我要先跟您表明，我對公司是絕對忠誠的，如果我有半點不忠誠，我也不會過來跟您說。」宋總點點頭。

於是，明峰說了：「昨天，那個A公司的總經理找我出去吃飯，想給我錢，要我透露一些公司的機密，但是我拒絕了。其實我可以不去的，但是覺得說不定能探聽到一點對我們有幫助的事情，所以還是去了，可惜最後還是沒能得到對方的情報。」宋總聽完，打了一下明峰的肩膀說：「你這小子真是好樣的！你對公司的忠誠，我是看在眼裡的，公司絕對不會虧待你，臭小子！」宋總非常高興地說。

果然沒多久，明峰便升到了副總經理的位置。

忠實，是職場上的保護傘，一個有職業道德的人，心裡會有一條準則，那就是「有所為，有所不為」。向主管表示忠心，當然會讓他對你更加信任，一個立場與公司共進退的下屬，沒有哪個主管會拒絕他的。

或許你也曾經碰過這樣的情況，一個表現並不突出，工作並不特別出色的同事，他卻得到了主管的器重和提拔。這種時候，許多不明事理的職場人通常會想，是不是這人跟主管有什麼關係？他用了什麼手段？還是主管有什麼把柄落在他的手上等各種胡亂的猜測，最後也是不了了之。其實，這類型的人除了上述的猜測之外，無疑就是用了個最簡單的招數——

那就是經常向上司表示忠誠。表明自己與主管是站在同一邊的，任何事情都先想到主管和公司的好處，這樣的職員，又怎能不受到注意呢？

如果是你，又該如何向主管表現出你的忠實才好呢？

收買主管心·Tips·

無論何時，替主管留面子

例如，主管與員工溝通時出現錯誤，你千萬不可當面否定主管，而是應該在對的時間，委婉地提醒主管他的錯誤之處。如此給主管面子，便能表明你和主管是一心的。

此外，你必須將提意見給主管的這件事看成是自己的義務，每一位主管都希望下屬對自己服從，如果你總是想表現自己的厲害之處，而從不替他留面子的話，那麼只能落得被主管排擠出局，最後孤立無援的下場了。

無論消息好壞，都要如實告知

想表示忠心，就要做到跟主管講實話，無論消息好壞，你都要如實彙報。有些下屬在向主管彙報情況時，只報喜不報憂，這不是長久的明智之舉。如果你向主管隱瞞了事情的真相，使得事情最後難以收拾的話，那上司必定會更加惱怒。

因此，即便有壞消息，不要隱瞞，如果發現事情開始有壞的預兆時，作為負責任的下屬，你就要勇敢地說出來，避免公司的損失，要能預先採取措施，防止事態的惡化，這才是正確的處理方式。如果問題太過嚴重，已經造成影響了，那麼你就要向主管提出解決問題的方法，不要等到火燒屁股的時候才要主管幫你善後。

提前告訴主管壞消息，有助於他思考解決問題的方法，不至於到了無法挽回時，他還是最後一個知道的人。

可以的話，為主管擋子彈

想得到主管的信任，表明自己的忠心，那麼關鍵時刻就要懂得為主管擋子彈。縱觀歷史，那些皇上面前的紅人，必定都是護駕有功的人。

在現代職場當中，主管一樣需要有人「護駕」，特別是在多數的公眾場合上，下屬要隨侍在前，懂得打前鋒，懂得替上司擋住他人的攻擊。

表示忠心，拿出行動來

讓主管覺得你忠誠，並不只是口頭上說說就好，你還要拿出實際行動來讓上司看見。除了自己做好本職工作之外，還可以表現出對主管事業管理的興趣，甚至是做一些能讓主管更出頭的事情。

在平時的工作中，認同主管的管理方式，學習主管的做事方式和態度，保持一種與公司共同發展的事業心。特別是主管面臨危難的時候，選擇和他同舟共濟，這就是你該有的行動。

和主管相處，坦誠相待能解開心結

最近，小杜喜事不斷，他剛拿到了一筆二十萬的訂單，又被公司升為業務主任。他之所以能這麼順利，在於他改善了與主管之間的關係。

在這之前，剛大學畢業的他，因為年輕氣盛，跟主管個性很合不來，照同事說的就是「非常不對盤」。例如，因為個性活潑，小杜下班之後，喜歡跟同事們相約去吃飯、唱歌、看電影，長久下來，無形中讓主管認為他在組「小團體」，而且似乎都在吃喝玩樂。

又如開會時，小杜在發言之餘，總喜歡說些好笑的事來炒熱會議氣氛，讓大家笑得東倒西歪，但是主管的個性卻較為謹慎傳統，認為開會就該嚴肅認真，無法忍受小杜的處事風格。

還有一次，因為一大早要去見客戶，所以小杜當天早上並沒有進公司，案子也談得不順利，因此他心情不是很好。當主管問起他遲到的原因時，他因為放空而沒有聽到、沒有回應。

諸如此類的事情不斷累積，讓主管對小杜逐漸有了成見，因此在上個月的人事調動中，主管「冷凍」了小杜，讓他做一些非本職、不太重要的工作。小杜一下子傻眼了，但他很快就想到了事情的癥結點在哪，於是準備對症下藥。

中秋節放假時，小杜和主管在一家餐廳正好「狹路相逢」，主管顯得有些尷尬，但小杜卻主動和他聊了起來。他坦誠地告訴主管，自己出社會的時間並不算久，有不少缺點，也需要時間去改正，希望主管多加包涵。工作上也許有些不合之處，但並不代表就不能有私交，其實他一直很佩服主管的處事嚴謹和專業能力，這是他需要多看、多學習的。此後，小杜就經常一起邀請主管來吃飯唱歌，漸漸地，主管也慢慢消除了對他的成見。

過了一段時間，主管主動將小杜調到了自己的專案下工作。沒多久，小杜在主管的指導之下認識了一個大客戶，一來，該客戶與主管的私交不錯，再則主管對小杜的表現非常滿意，經過雙方的協調之後，小杜順利地拿下了這筆二十萬的訂單。

主管看到小杜的成長，也就順勢將他從業務員升到了業務主任的位置，此舉無不讓其他同事一片譁然。

透過小杜，我們看到下屬和主管之間的坦誠溝通有多麼重要。當然，這種溝通需要下屬的主動，因為這是雙方的上下關係所決定的，而小杜能很快發覺與主管坦誠相待的重要性，這是很值得稱許的。

世上的人事物都是一來一往的，你對別人坦誠相待，別人同樣也會跟你交心。有些職場人總是以為主管是高高在上的，怎麼可能跟自己交朋友，所以不願意對主管多說什麼心裡話。但其實，主管也是人，他也有人際關係的壓力，你願意對他坦誠，那麼他同樣會把你當成心腹來培養。

在這樣的過程當中，他必定會向你提到一些對公司的看法。如此，你們之間就形成了一種默契，與主管有工作上的默契，無異於能將自己的職場生涯往前推上一步。

但是難免的，下屬與主管之間會發生一些誤會，因為主管的工作很多，他當然無暇顧及與你的和解。如果你想要解決與主管之間的誤會或心結時，就要以積極的態度去處理，此時，你的坦誠是必不可缺的誠意。你必須將自己的想法如實以告，說出自己的感受，以消除主管心頭的芥蒂，讓對方理解你的想法，最終贏回主管的信任。

只要做好以下這幾點，你就能奪回主管對你的信任與好感：

收買主管心 Tips

摸懂主管的個性，談談你自己

主管與你之間會產生隔閡，多半是因為你們之間互不瞭解，不清楚對方的個性、地雷和做事方式。如果你想和主管和諧相處，那麼你必須要先瞭解主管是什麼樣的人才是，你可以透過主管身邊的人，例如，與主管的秘書、或是資歷較久的同事聊聊天，就可以獲得情報。

當你與主管交談時，可以說一些讓他感覺好的事，並聊聊自己的個性，讓主管知道，彼此之所以會有一些誤會，是因為想法和個性的不同。如果你能主動去談到這些、做到這些，那麼主管也會被你的誠意打動，能重新認識你，重新給予你評價。

說出感受，選擇以他為主的話題

很多人在跟主管交談時，都會有些拘謹和放不開，這是很正常的，像這種時候，你不妨就大方地說出自己的感受。

例如，你可以直接向主管坦白說：「我蠻緊張的，不好意思常來跟您報告」、「我剛來公司，跟其他同事還不熟，可能還需要一點時間。」、「您這個提案，雖然一些人可能不會贊同，但我覺得很喜歡。」等，你用自己的感受說明，主管一定會洗耳恭聽，接受你的坦誠。

學會以主管作為話題的主題是非常重要的事情，有些人天生自我中心，三句話不脫一個「我」字。在你跟主管交談時，可得要注意了，若你能經常以主管為話題，更能表現出你的誠意。

例如，「您做事真的很細心，我要好好檢討了。」、「您出差什麼時候回來？我去接您。」、「您穿的這種衣服是我一直很想買的呢。」等。你可以多聊聊以主管為中心的話題，讓對方覺得你很重視他，關心他的一切。

適當的閉嘴比不停說話更有誠意

坦誠相待，就從「閉嘴」開始。

如果你想讓主管接受你的看法，想讓對談順利進行下去，就一定要注意主管的反應再說話，當你發現上司對你的觀點不太認同的時候，就要停止，先聽聽主管的意見。這樣的態度能表現出：「這是我的想法，但是我也想聽聽您的看法。」有了這樣的舉動之後，主管就會明白，你很在乎他的意見，這對往後的溝通來說是非常有幫助的。

此外，你的「閉嘴」，還能引起主管繼續說下去的熱情，也同時引起了他對你的注意。這樣在無形之中就構成了你與他之間的談話模式。

贅言不說，一說就要是重點

我們說，說話沒有條理、話題卻又臭又長是最糟的說話習慣。

有些下屬明白「坦誠」和改善與主管之間關係的重要性，但跟主管說話時，卻又太過鋪陳、囉嗦、沒有條理。

他們總想「解釋個清楚」，但其實這是大可省略的事情，你只需要說出「重點」，而過程中不相關的事就淘汰吧，以免模糊焦點，讓主管聽了半天還不曉得重點在哪裡。當你想告訴主管一些事情，就請擷取出重點、直接了當地說出來，不必把一些不痛不癢的小花絮都完整告訴他。

積極與服從，對你的好感度馬上升級

Case Show

源霖是一家紅酒廠商的業務員。有一次，上司讓他去一個新的地方開拓市場，那是一個近山區的市區，人少不用說，當地人多半都是從事農業的農人，平時是不會想消費紅酒這種東西的。因此，公司的產品想在那裡打開市場也是有困難度的。

張協理曾經將這個地區的任務交給公司裡的王牌業務們幾次，但是都被他們給推託掉了，因為他們一致認為那個地方沒有市場，最終只會是白忙。

源霖是公司的業務新人，最初受到張協理的指派也不禁嚇了一跳，支支吾吾的，什麼都說不出口。張協理一看這態度，火氣一下子都上來了，將幾次無法達成任務的火一下子都發洩在源霖身上：「說實在的，我要你們這些人做什麼用啊！你不想去，他也不想去，難道要我去？我看我要是不說點狠話，你們沒有一個人會認真的。」

源霖聽完協理的話之後，覺得很受傷，他心裡嘀咕著：「我是新人，老業務都不想接的困難工作卻要我做，這不是欺負新人嗎？我怎麼可能做得到呢？」回家後，他在MSN上跟自己的好友東健抱怨起來：「你說這樣對嗎？為什麼老鳥不想做的工作推給我做，我不曉得該怎麼辦時，還要被臭罵呢？」，東健說：「他分配給你這個任務，一定是想讓你試試看，你應該要有自信地說：『好，我會盡力去做。』才能讓他覺得，你至少有心想做，而不是什麼都還沒說，就先拒絕他了。」，源霖卻說：「但是我有很大的可能做不到啊，我還是新人！」，東健又回答：「我會盡力去做，並不代表我就一定會成功啊！對主管來說，他們想看到的就是你的態度，還有你的這一句話！如果之後你真的達成任務了，那就說明了你有真本事，如果你沒能完成，他們也能理解這個難處，畢竟要有人嘗試過才會知道。」

聽完東健的話後，源霖明白了，工作能力是一方面，讓主管覺得你的態度積極正向又是另一方面。後來，他主動找了張協理，說明自己願意去試試，張協理非常滿意地點了點頭。

幾個禮拜之後，源霖回到了公司，他帶回的消息是，只要在那裡行銷的是較低單價的好喝紅酒的話，有不少人都還願意試試的。由於他的積極嘗試，使得這個任務露出了一絲曙光，源霖也非常高興自己跨出了這一步。

在這之後，無論出現什麼新的問題，只要主管開口，源霖都會說：「好的，我去試試。」而這句充滿魔法的話真的讓主管對他刮目相看，也越來越重用他了。

「我去試試。」不但表達出自己對主管的尊重，還表達了自己的絕對服從。每一位主管都喜歡服從和尊重自己的下屬，甚至會將這樣的下屬當作自己的心腹培育和指導。當然，話不是光說不練的，你要拿出行動，只會說的下屬當然無法得到上司的重用。

對上司分配下來的任務，你說「不可能」、「很困難」，讓他下不了台，一方面顯得你在推卸責任，另一方面也在表明主管沒有遠見，不瞭解局勢，讓主管面子掛不住。如此，主管又怎能不覺得自己用錯了人呢？

當然，積極的回答也不是要你一味地肯定主管、答應主管，否則也容易出現紕漏，或是引起主管的反感，認為你只會一口答應卻做不到。

想用正向積極的回答來讓你的好感度上升，不妨看看以下的建議：

收買主管心·Tips·

不要還沒想，就說「不」

每個人都不是萬能的，主管分配的任務也不是每次都能順利完成。當面對主管的困難要求時，為了不與他發生正面衝突，你一定要避免想都不想就直接回答：「不行」。聰明人會以「先肯定」、「後否定」、「再表態」的方法來回答主管，不管主管分配的任務有多艱難，都要先肯定、積極地回應主管，接著說明無法做到或難以做到的理由，再針對這樣的情況做出最後的表態。

例如：「您把這麼重要的任務交給我，我很高興，但是目前因為我的能力還有限，暫時還無法做到這樣的程度……不過，我可能會需要多一點的時間，您覺得這樣可行嗎？」使用這樣的問句回答，既能表明自己的困難之處，還能請示主管的建議，即便最後沒有達成，上司也多半可以理解。

服從，就是捨棄負面思考、全力以赴

我們對主管下達的命令除了要服從，還要全力以赴地去執行。在工作中，面對主管分配的任務時，經常會面臨到很多難題，我們的腦海裡會出現很多失敗的想像。例如，擔心經驗不足會搞砸了工作；擔心時間不夠會影響工作進度，擔心這個擔心那個的。

但是我們說，想要踏出自己的這一步，就要堅決地摒棄這些負面想法，與其害怕失敗，不如立即採取行動，多聽聽他人建議，才能加強成功的機率。

坦然接受主管的任務指派

上司為了適當地分配出他自己的工作量，或者是為了培養、訓練你，就會指派各種任務給你，下放出權力給你。而你作為下屬，要認清任務的目的，不要因為任務困難重重，就馬上拒絕、說你做不到，這樣的做事方法是十分不明智的。無論主管分配的任務有多難多麻煩，聰明的下屬要坦然接受，並尋求適當的幫助，以達到訓練自己的機會。

多想想主管感受，他就能考慮更多你的疾苦

慧文大學畢業之後，來到一家公司當秘書。由於她做事勤快、幹練，又能體諒主管的難處，因此很受上司的喜愛。而她的頂頭上司為了謀求更好的發展，不久後便跳槽去了另一家公司，不得已，公司裡換了一位新上司。

新來的這位鄧經理讓同事們議論紛紛，因為他看起來不是很隨和，新主管怎麼看都沒有原來的主管好。

而身為新主管的秘書，慧文並沒有參與議論，儘管她跟原來的主管關係很好。因為她很清楚，日後她要面對的是這位新主管，自己的未來全掌控在這位新主管的手中。因此，慧文認為自己要像對待原來主管那樣，站在他的立場上思考問題。

新官上任三把火。不久，鄧經理開了到任以來的初次會議，並在會議上提出了一個新企劃。新企劃較之前主管的企劃有很多出入，鄧經理一說出口，立刻就遭到了幾個同事的反對，大家一致認為原來主管的企劃比較合適，唯獨慧文沒有說話。

而鄧經理一句話也沒有說，默不作聲地看著大家討論。

末了，他不動聲色地說：「張秘書，你認為呢？」慧文一下子被問住了，這時，她一邊面對的是新主管，一邊面對的是與自己相處多時的同事，不管她怎麼回答，都會得罪一方。突然她腦海中閃了一些主意。

在眾人的目光之中，慧文微笑著說：「其實，不管是鄧經理的企劃，還是以前余經理的企劃，都是為公司的業績著想，只是出發點不同而已。」她稍微分析了鄧經理和以前余經理做法的不同，然後針對公司的實際情況進行說明，分析出鄧經理企劃的優點與可能較難實行的部分。

接著她對大家說：「作為經理的秘書，我覺得這是我的失職，我沒有向鄧經理交代好公司的完整情況，讓鄧經理瞭解公司的細部狀況，以及說明以前余經理的做法等等，這是我不夠細心的地方。」

鄧經理聽完慧文的這番話，臉上露出了笑容，同事們也覺得她是一個負責任的好秘書，替公司的大局著想，並沒有因此對她有負面看法。

要讓主管有被重視的感覺，就要站在主管的立場上思考問題。一個固守己見，不能理解上司的人，也很難與上司有良好的溝通與合作。

平常，我們經常抱怨主管「機車」、「不能理解」下屬的難處等等。這種時候，我們就要反向思考一下，是不是自己也沒有考慮過主管的心情，以主管期待的做事方式來對待他，如果你欠缺這份「體貼」的心意，那麼你沒有被主管重用，也是合理的。

在職場中，想和主管和諧相處，就要多想想對方的感受，人心都是肉做的，只有你多考慮對方的感受時，他才能對你付出更多的關心，這是你來我往的事。

有些下屬和主管始終存在著誤會和分歧，這種態度如果處理不當就會惡化，甚至反目成仇。

我們很容易會這樣想：「他怎麼老是那樣對我？」，其實，如果你多考慮他們的立場，就能逐漸理解彼此的分歧，特別是當你用說的表達出來，就能與主管有更好的良性溝通。

也許你會不太習慣，但試著這樣做吧。

收買主管心·Tips·

試著理解上司的思考方式吧

人天生都有一種偏執心理，每個人都會捍衛自己的看法或做法，如果你當眾說上司錯了，他當然會惱火，因而更加固執己見，甚至會不顧一切地堅持自己的看法沒錯。不是真的他的做法有多麼好或正確，而是因為此時他的自尊受到了打擊。在職場中，上司基於自己是眾人之上，特別容易如此。

當你出現與主管相左的意見時，當下不要千方百計地想去辯解，而要試著先順從主管，等到主管氣消了，沒那麼激動了之後，他自然會聽聽他人的看法。

如果你能顧慮到主管的感受，給主管一個適當的台階下，那麼職場生

活便能無風無雨。

接受上司的行事作風吧

不論是作為整個公司的老闆，還是作為一個部門的主管，他都必須比一般員工承受更大的壓力、承擔更大的風險。上司也是人，他也有情緒，偶爾焦躁煩亂、大發雷霆的時候很常見。

此時，作為下屬，就要能體諒主管的難處，理解主管的情緒，不要認為主管的行為無法當大家的模範。

此外，上司能為上司，必定有些過人之處。在日常的接觸中，你就要透過觀察、認識主管的行事作風，並學習他的處事方式。很多職場人不會客觀地向主管學習，是因為他們在心理上都對上司有著刻板印象，或是立場上的對立。

所以，承認主管的過人之處，並接受他的行事方式，是每個職場人都必須具備的基本態度。

站在主管的立場上想想吧

作為下屬，「換位思考」強調的是有同理心，這可以幫助我們有效地解決溝通上的問題。

當然，主管有主管的難處，作為下屬，不要想當然爾地覺得主管就應該要如何如何。而是以主管的角度，試著換位思考，如果你是他，你會如何解決這個問題？又該從哪方面設想？該怎樣去安排下屬的工作？

如此一來，我們就更能理解對方，明白主管的做法為何如此，對主管的決定也能更加瞭解和服從。

上司也需要你的贊同和認可

很多職場人，往往會自然地將自己與主管放在對立的位置上，覺得兩者互不相容。甚至，他們覺得自己處於被動地位，只有主管賞識自己的份，自己什麼都不用去反應。但是這卻忽略了一個重要問題，上司當然也需要得到下屬的贊同，特別需要來自下屬的正面支持。

這裡要注意的是，「贊同」指的並不是阿諛奉承，而是真心地認同上司的做法。在與上司的日常往來當中，從不要為了取悅他而虛偽行事，而是你需要發自內心支持對方，與上司之間形成良好的合作關係。

相處之道，收斂起你的鋒芒畢露

雪莉在名校念書時，是一個各方面都非常出色的學生，不僅臉蛋漂亮，身材好，還能說一口流利的英文。當然，畢業之後順利進入了一家不錯的公司。雪莉認為，只要認真工作，一定就能得到老闆的栽培和同事的認可。

進入公司之後，她總是兢兢業業地工作，每天第一個來公司，最後一個離開。並且在與外商的談判之中，她總能表現出色，同事們都對她讚賞有加。

相比之下，她的頂頭上司吳經理就遜色多了，四十多歲的吳經理長相並不特別突出，體態豐腴，沒有雪莉的年輕和美貌，而高中學歷的她英文程度並沒有非常好，但由於在公司的年資長，對工作非常認真，管理的也不錯，因此受到了老闆的重用，擔任了部門經理。

在雪莉剛進公司的時候，吳經理對她很照顧，但在一次與外商洽談業務的聚餐上，吳經理改變了對她的看法。那天，雪莉出盡了風頭，得意地用英文跟外商聊個不停，並帶頭頻頻舉杯，表現出自己的智慧與氣質，讓一旁坐著的吳經理很是尷尬。

不但如此，工作上漸有起色的雪莉開始有點驕傲了，她經常覺得自己是部門裡最優秀的員工，連吳經理也要甘拜下風。

所以，對一些稍有難度的工作，她會故意在同事面前說得很輕鬆，以表現自己的實力堅強。她還經常對同事的工作指導一二，彷彿現任的部門經理是她，而不是吳經理。

有一次，部門召開例行會議，吳經理把近期的工作做了一個總結，並指出了一些工作上的失誤。而作為會議的結論，吳經理問大家還有沒有需要補充的事情，雪莉聽了之後覺得有一件事，吳經理說得還不夠完整。

於是，她表示想要補充，接著就開始長篇大論起來，甚至在用詞上還駁斥了吳經理的觀點，讓吳經理很是不滿。但她最後仍有氣度地說，雪莉補充得很好，值得大家學習。

某天下午，雪莉來找吳經理，並表示：「我是名校畢業的，英文的水準在公司來說算是很好的，而且我的業績也很出色，無論是跟外商談判，還是部門的工作，我都做得非常好。所以我想，您是不是應該跟上面反應一下，看能不能升我的職位，或者是給我加薪？」聽完之後，吳經理沒有任何表情。

這件事過後不久，雪莉不但沒有被升職，反而被調到了另一個不太重要的部門。

站在老闆的角度上想，雪莉是一名非常優秀的員工，但她最終卻因為自己的優秀而吃了閉門羹，因為她不懂得適時遮掩自己的光芒，造成了主管很大的壓力和不滿。

在職場上，每個人都有生存空間，但是如果因為你想伸展四肢而威脅到了主管的地盤時，那麼他是不會讓你太好過的。

有一些年輕人總是太過「做自己」，他們喜歡誇誇其談、特立獨行，不懂得在主管面前收斂一些，最後只落得讓主管「打入冷宮」。

每個人在步入職場生涯的第一天，就要學著收起你的高傲姿態，做好低調做人、適時表達的準備，這樣才能讓主管願意提拔你、主動指導你，你也才能從上司身上學到更多你沒有的優點。

那麼在職場上要怎麼做，你的鋒芒才能適可而止、不惹人厭呢？

收買主管心·Tips·

丟掉強勢，表現出你的謙虛

跟主管交談時，切忌不要賣弄小聰明，更不能顯得你好像很厲害。有時，一些人為了得到主管的賞識，就會千方百計施展自己的小聰明，故意展現出自己的才能，但這種舉動反倒是不聰明的。因為你的自大，會很容易引起主管的不滿，說不定不被賞識，還因此被「冷凍」起來。

此外，還要隱藏自己的好勝之心。努力工作當然無可厚非，是每個員工都應該做到的，但是記得不要處處爭強鬥勝。有些職場人，經常不管自己能不能做到，都先答應下來，說得像是只需要用小指頭就能完成似的，最後卻耽誤到整個工作進度，讓主管有受騙的感覺。

員工爭強好勝的個性會製造壓力給主管，讓他的自尊和權威受到挑戰，如此你想，這樣子的人職場生涯還能順遂嗎？

按捺下來，讓主管完全發揮

做任何事都要有分寸，職場也是，如果你不懂得抓好分寸，那麼毀掉的就會是自己的前程。

在與主管交談時，要把握住說話的分寸。上司都欣賞聰明有才能的人，但是如果你是故意賣弄的話，就會招致對方的反感。作為下屬，你要充分地讓主管發揮他的長處，如果對方的解說不夠完善，你可以適當地補充。

在主管面前，你要按捺下來過度的表現，要放低姿態、低調工作，凡事都要尊重指導自己的主管，多向對方請教，以謙虛、謹慎的態度面對工作與上司。如果出現了什麼問題，要誠懇地向主管請求幫助；出現了錯誤，不要推卸責任，要主動坦白並承擔責任。

這裡要注意的是，你自己的見解好壞當然不可以全盤托出，要給主管一個思考時間，同時把最後的總結或決定權留給主管。如此，主管就不會覺得你過於強勢地搶了自己的風采。

你的榮耀，記得歸於主管

懂得將榮耀歸於主管，是職場人充滿智慧的處事之道。

與主管相處，一定要在各方面都維護到主管的權威，不要恃才傲物，成為他的「眼中釘」。工作中得到的成就，帶來喜悅，但是同時，不要忘了將這份榮耀歸給上司，將鮮花戴在他身上，將眾人的目光引到他身上。

你若想獨吞成功的果實，只會讓上司感到不滿，如果他對你有別的看法了，那麼對你的幫助也不會太多了。

又如果你因為幾次的成功就自滿自大，那麼將永遠得不到上司的重視。這樣的職場人雖然能得到暫時的成功，但卻也同時為自己挖好了墳墓；雖然施展了才能，卻也埋下了危機的種子。

與主管交談時，在開口之前就要能顧及到他的感受。不要為了圖一時口快、爭個輸贏，就不分場合地點、不講方法策略地大鳴大放，這不僅會讓他反感，還毀壞了你自己給人的印象。

我們經常能夠看到，一些剛踏入社會的年輕人，常常因為自己多念了幾年書，多看了幾個案例，就不分場合地高談闊論。他沒有想過，如果他一句話就直插上司的咽喉，讓對方下不了臺，那上司當然也不會給他任何好處。

剛進入職場的年輕人，最重要的是對自己不懂的事「少說多聽」，將說話權交給主管，自己要從主管的談話之中多汲取一些經驗和知識，以補足自己的專業能力。不要不分青紅皂白地就大說特說，不知道自己幾斤幾兩重，這樣只會讓人覺得可笑罷了。

如果要避免你的鋒芒刺人，說話時，就要讓自己跟著主管走。老話一句，無論你多有才能，無論你的成功有多輝煌，都不要替自己挖出一個大坑洞。

5-7 主管的錯，有時需要你出面承擔

最近，冬升的工作很忙，美國總公司那邊下達了一個產品全項檢查的通知，要求分公司有關部門屆時提供必要的文件資料，並準備彙報，同時會安排總公司人員到各部門檢查。

冬升的部門經理，翟經理收到這份通知之後，就將這項任務交由冬升來做，他打算最後自己再審查一次。

冬升覺得這件事比較緊急，於是先放下手邊的工作，即刻處理這件事。他連續加班了一個星期才完成。接著，某天早上一上班，冬升便把文件送往翟經理的辦公室。當時，翟經理正在講電話，看見冬升進來之後，只是用眼神示意一下，便讓他放在桌上。於是冬升將文件放在比較顯眼的地方就出去了。

冬升吐了長氣，將連日來的辛苦一掃而空。然而，就在美國總公司的小組人員即將到來的前一天，翟經理突然想起這件事，氣沖沖地把冬升叫來，給了一頓訓斥，質問冬升為何沒有持續追問他的進度，這樣的話，已經沒有太多時間檢查了，數據資料務必一定要是正確的才行。

在這種情況下，儘管冬升知道自己並沒有耽誤文件交出的時間，但卻是滿腹委屈，但是他一句反駁的話也沒有說，而是表示：「翟經理，我一時疏忽忘了持續跟您追蹤這件事情，但是您放心，我明天一早一定能把資料全部都再確認過一次。」冬升立刻找出那份文件，連夜加班、重新計算確認，忙了一整晚總算把文件上的數據都再次確認完畢了。

第二天，當冬升睜著滿眼血絲的眼睛，走進翟經理的辦公室時，翟經理臉上明顯帶著愧疚之意，其實他比誰都清楚冬升是認真的好員工。

此事過後，翟經理愈發看重冬升了，主動替他加給了許多福利。

職場中，經常會出現這樣的狀況，也許你正心有戚戚焉。例如，某件事情明明是主管耽誤了或處理不當，但是在追究責任時，他卻反而指責是你的不對。其實，在不影響大局的情況之下，你不妨將錯就錯承擔下來，儘管在當下自己會吃到一點虧、感覺也很差，但未來能得到的好處肯定大過損失。

主管不是萬能的，他也有做錯事情的時候。有時，為了自己的面子，他不便當眾承認他的錯誤，只得將責任推到你身上。作為下屬，上司如果在大家面前將責任推給你，如果可以，你要承擔下來。

又即使主管沒將錯誤推給你，但是為了維護他的尊嚴，如果願意，你也可以試著先將錯誤攬在自己身上，幫主管留面子，千萬不要做一個不會

「活用」的職場人。

例如以東升的立場說：「我明明是把文件放在桌子上的，您應該有看到！」、「您不是表示這樣就可以了嗎？」如此指責對方的話，將會讓自己陷入尷尬的漩渦之中，這實在不是明智之舉。

在職場中，下屬不僅要適當地將自己的「功」讓給主管，還要適當地把「過」攬在自己身上，以保持與主管的良好關係。這聽來不太合理，但有時卻是必要的。

那麼，我們具體上究竟該怎麼做呢？

收買主管心·Tips·

你願意替主管攬下責任嗎？

現實生活當中，很多人都害怕承擔責任。所以，如果在關鍵時刻，你願意主動去承擔原本不屬於你的責任歸屬，那麼，你就是與眾不同，能讓主管刮目相看。

曾經看過這樣的一個笑話：有一次，局長、科長、秘書三個人一起走進了電梯。其中有人放了個屁，於是，局長緊盯著秘書看，秘書連忙辯解：「這不是我放的！」上班後不久，秘書就接到了辭退通知。秘書不知道為什麼會變成這樣，連忙去問科長。科長卻說：「局長表示，像屁那麼丁點兒的責任都擔不起，還能怎麼培養呢？」這笑話雖然誇張，但不失為個警惕。

也就是說，只有你願意為主管承擔一些責任不大的錯誤時，才能成為主管的心腹。

Stop！別向同事抱怨

在職場中，主管犯的錯誤如果強要你吸收，那麼你心裡肯定會不好受。這時適當的牢騷是有益身心的，因為發洩也是一種療法，自有它的功效。但若你是無止盡地抱怨，那麼即使是正當和合理的，別人也會對你產生反感、排斥的反應。

無止盡地向同事抱怨，對誰來說都很不好。對於錯在主管的事情，同事也不好表態，只能象徵性地安慰你一下，並且眼看你與主管的關係陷入僵局。

而一些同事為了避嫌，還會有意疏遠你，使你孤立起來。更有甚者，某些別有用心的人還可能會將你的抱怨、牢騷，加油添醋地反應到主管那裡，加深你與主管之間的裂痕。

所以，抱怨向家人朋友們說就好，否則，不但不能解決問題，還會加速製造出一大堆的問題。

注意，指出主管的錯誤要有技巧

當然，有時候並不是你不勇於承擔主管的錯誤，而是主管不自知自己的錯誤，而使得公司置於危險的境地。如果從公司的全局考量，那麼此時你就需要指出主管的錯，讓主管明白且做修正。

指出主管的錯誤，這一定不會是件容易的事，如果方法不得當，自己在上司心中的形象會直接「黑」掉。所以，在指出主管的錯誤之前，一定要思考再三，不可有半點閃失。

例如，不要在公開場合指出主管的錯誤，他的面子很重要，你應該找個適合的時機，想好說話的方式和內容，再告訴他他的錯誤，讓主管明白你的出發點是好的。例如，「我是為了公司○○的考慮」，或是「我很尊敬您」之類的話，再輕描淡寫地暗指主管的錯誤，這樣的方法，能讓主管接受，還不會怨恨你。

職場上，忍讓是必須的

即便是自己對而主管錯，你也要想方設法地為主管找一個台階下。先將錯誤承擔下來，事後，主管定會仔細斟酌，若他最後明白錯不在你，即使他不向你道歉，也會在行動上向你表示歉意，並且對你的不計較表示讚賞。

如果不懂得忍讓，面對主管指責不是自己的錯誤時，和主管發生衝突，甚至一走了之，讓主管難堪的話，那麼不但你在公司的地位難保，即便你到了新公司，也同樣會出現一樣的狀況。

如果只是一味地為了爭口氣而向主管大發牢騷，最終可能會斷送自己的前途。因此，只要不是大是大非的問題，你大可就勇於承擔，忍一忍一時的苦，海闊天空。

職場測驗 Workplace Test!

你的責任心到底有多強？

電視上正播放著一個少年用力地將腳下的足球踢了出去的畫面，而下一秒電視突然受到了訊號干擾，螢幕一黑，你覺得足球後來怎麼樣了？

A. 足球擊中窗戶，玻璃應聲而碎。
B. 足球打到了牆上，然後又彈了回來。
C. 足球很自然地滾了一段時間，然後停了下來。

選擇 A：你無論是對待自己，或是對待別人，責任感都非常強烈。你總是希望自己能把事情做得盡善盡美，因此很多時候替自己帶來了很多壓力，而正是這種太重的得失心，常常會使得你寢食難安。如果你想要享受更快樂的生活，就應該學習不要過度在意別人的看法。

選擇 B：你是無論什麼事情都會堅持己見的人，因此，若是有人與你觀點不一，那麼你必定會爭論到底。事實上，無論什麼事情，如果能嘗試從不同的角度去思考，必定會有不同的結果，你應該開闊你的心胸，多去接納與你不同的人事物才是。

選擇 C：你喜歡無拘無束的生活，缺乏責任感，也非常害怕自己失敗。可以說當你碰到難以解決的事情時，往往會先採取的是立刻逃避，但是，只有你鼓起勇氣面對現實，才能開創你期望的未來。

Chapter 6

說話前先觀察，摸清脾氣才能說對話

——說話前看一看，說話時細思量

面對不同個性的主管，當然要會說不一樣的話，否則你話說得再多也只是浪費口水。平時就要記得做功課，勤觀察、多注意，就能找到主管個性上的有效「弱點」，如此一來，你一說話就能「立即見效」，才不至於「拜錯菩薩走錯廟」。除此之外，還有你不可不知的職場人說話禁忌，地雷很多你可別急著踩！

6-1 主管個性不同，你就配合說不同的話

宣婷在大學日文系畢業之後，到了一家日商公司面試。

在此之前，她的學姐們就告訴她，這間排名世界五百強企業內的老總非常傲慢，很多人都是受不了他面試時的刁難而沒有錄取。宣婷聽了之後，心底有了準備，但畢竟去這麼大的一間公司面試，又聽說老闆個性難以捉摸，她還是非常緊張不安的。

面試的人很多，宣婷耐心地等著，同時觀察那些從老闆辦公室裡出來的面試者的表情，看了看，那些人都帶著臭臉，不以為然地離開了。這下，宣婷的心更涼了。

一個小時之後，終於輪到了宣婷。她輕敲老闆的門，但裡面沒人應答，宣婷只好推開辦公室的門，但奇怪的是，還是沒看到面試的老闆在哪裡。她很詫異，老闆不是一直在裡面面試嗎？沒見誰出來啊。後來，宣婷想到這也許是老闆故意的……正當她忐忑不安時，突然傳來了一聲有點日本腔的中文：「介紹一下自己吧！」聲音從老闆的辦公桌傳來。

沿著聲音看去，椅背轉過來時，宣婷才發現老闆將椅子調得很低，一個身材矮小的男子在上面坐著，這不用說肯定就是那個傲慢的老闆了。他隨性地坐在椅子上，手裡把玩著礦泉水的瓶子，說話充滿了傲慢，甚至有一些蔑視。

宣婷一下子氣全上來了，以前在實習的時候，她見過很多大老闆，可是還沒遇過這麼傲慢無禮的老闆。可想而知，宣婷很生氣，寧願沒有這工作也要捍衛自己的自尊。

於是她深呼吸一口氣，然後平靜地用日文對這位老闆說：「請收起您的無禮和傲慢，跟人說話時是這樣的態度，無論是哪國人都無法接受吧？」

宣婷說完這些話之後，覺得自己「必死無疑」了，正想走出辦公室時。事情卻突然有了轉機，這位剛剛還讓人氣得想揍他的老闆，突然笑了，接著站了起來，有禮貌地向她點了點頭，然後用日文說道：「來了這麼多面試者，你是第一個敢直說我態度不好的人，謝小姐，你錄取了。剛才抱歉了，這是面試的演戲，因為本公司在工作的來往中，經常會需要這種勇氣，我想看看大家的應變能力。謝小姐符合這個條件，歡迎你來。」宣婷聽了，驚訝地不可置信，但是她高興極了，因為這是她一直以來夢寐以求的公司，她趕緊說了聲：「謝謝您。」便歡呼地走出了老闆的辦公室。

雖然這是老闆設計的一場局，但也是在職場中經常會碰到的那種傲慢無禮的上司。他們往往自視甚高，目中無人，顯露出「唯我獨尊」的氣勢，像是每個人都不如他、能力比他差。而對待這種類型的主管時，不妨採用宣婷的方式，讓他知道你不是只是個唯唯諾諾的無能員工，用簡潔有效的做法，直入關鍵點，讓彼此的立場至少不相差過度懸殊。

在職場中，有的人總會把自己和主管放在對立的位置上，還會錯誤地認為主管就是故意在跟他過不去。但是這種想法並沒有任何根據，主管和我們都有一個共同的目標，那就是把工作做好。而把工作做好的前提是，下屬要配合主管工作，要配合主管工作，就必須要瞭解他的個性和脾氣，以便能更順利的應對。

我們在主管底下做事，一定要能瞭解自己的主管是哪種類型，與不同個性的主管在一起工作，有著不同的相處之道。

下面我們列舉了幾種類型的主管，並為大家提供了相應的應對方法，希望讀者朋友們在與主管的溝通中能更順暢：

收買主管心·Tips·

你的主管是：傲慢無禮型

在職場中，傲慢無禮型的主管多半以自我為中心，覺得自己在下屬面前，無所不能，自己就是權威的代表。對於工作，務必以自己的做法為標準，甚至看不起下屬的做事方式。

面對這樣的主管時，在保證能彙報資料完整的情況下，要儘量減少與其social的時間，要充分利用時間表達自己的想法和意見，不要給他「開始傲慢」的機會。如果你能在較短的時間內說清楚你的看法，那麼主管也會直接思考你所提出的問題，使事情能較順利地進行下去。

無論是在其他同事面前，還是在會議中，當你受到傲慢無禮的對待時，絕不可以無聲無息地屈服。如果看到對方以無禮的話題襲來，那麼你要設法打住話題，以簡潔但有內容的回答應付，否則就無法挽回局勢，只得輸在對方自傲的氣勢裡。

你的主管是：事事謹慎型

一般來說，在職場中，做事嚴謹的主管是非常多的。這類型的主管往往對工作一絲不苟，他們喜歡詳盡周到的工作報告，也就是說，下屬上交的任何相關計畫做得越詳盡越好。

跟這種類型的主管溝通時，下屬一定要注意自己的言談舉止是否合乎禮節，工作狀況是否有時刻回報。下屬對待工作要精明，最好任何面的事情都要想到，不要因為一時的疏忽而讓主管改變對你的看法。

你的主管是：脾氣暴躁型

有些人天生脾氣就比較暴躁，情緒容易失控。當然職場中也不乏這樣「喜怒形於色」的主管，他們常常為了一些小事、瑣事就大發脾氣，甚至在公開場合斥責下屬，讓下屬無從招架，難於應付。

當面對這樣的主管時，我們就要從對方發脾氣的「案例」中得到教訓，找到主管發脾氣的原因，找到問題所在，然後避免再踩這一類主管的「地雷」，就能有效減少主管發脾氣的機率。

你的主管是：頑固不聽型

在職場中，多半也充斥著這樣的主管，這類型的主管，他們相當固執己見，對下屬的解釋一概充耳不聞，堅持下屬照他的意思處理事情。一旦遇到下屬違背自己的命令，或是沒有照著自己的方式做事時，他們就會嚴厲地斥責，要求下屬改進過來，並且盡快做到自己滿意的程度。

一個人的個性是很難改變的，當面對到這樣的主管時，我們要有足夠的耐心去應對。在與頑固型主管談話時，一定要注意說話的口氣，語氣要溫和，態度要和緩。同時，還要向主管表示，這件事的目的並不是為了自己，而是為了公司和團隊。特別要注意的是，當你自己在向頑固的主管提意見時，要思考一下自己的做法是否會越權，否則將引起他更大的不滿。

你的主管是：超有效率型

在職場中，同樣有些主管會非常注重工作完成的時間長短，他們都希望能在最短的時間內，創造出最多的價值。也因此，他們往往會要求下屬必須在一定時間內完成任務。在談話時，不要跟這樣的主管長篇大論或拖泥帶水，因為他們會覺得跟你談話是浪費時間。

當下屬面對到的是效率型的主管時，做事一定要更踏實，因為效率型主管多是急性子，他們不要求下屬有太多的「花招」，他們要的是下屬說話時「一針見血」。如果你做太多的鋪陳或解釋，只會讓他們覺得很冗長，無法忍受。只有快、狠、準地切入主題才能得到他們的認同。

而講究效率的主管通常都很忙，因為他們要求自己每分每秒都要有成果、有效率，所以作為職場人，如果有問題就要馬上、直接找他溝通，千萬不要等著主管找你「溝通」。

你的主管是：處事完美型

這一類的主管在處事風格上非常追求完美，他們不允許工作上有任何細節「不完美」，任何細枝末節都要當成大事來處理，對待每一件事要像對待藝術品一樣，絲毫不能允許有缺陷的地方出現，例如蘋果的前CEO賈伯斯（Steve Jobs）就是最好的代表人物。

與這類型的主管溝通時，下屬的工作一定要有條不紊，注意每一個細節所能呈現的狀況；在向主管彙報時，也需要系統化，不能有任何差錯或者是能更好卻沒有更好的事發生；對待工作更要三思而後行，要多動腦子思考。特別是在向主管彙報工作前，更要思慮清楚，不要有所遺漏。

你的主管是：領袖魅力型

領袖魅力型主管的氣質是非常容易帶動工作氣氛的，能形成強大的影響力，帶動下屬一起努力邁向目標，使得下屬願意賣力工作。但魅力型主管卻往往有個人獨斷的思考方式，工作上較缺乏細緻性。

面對這樣的主管時，當然要與他相處良好，服從他的領袖魅力，其次是要根據主管的狀況給予他一些提示。例如，當主管忽視了工作中的細節時，你可以善意地提醒他，有哪些地方仍需要改善，需要他的定奪。當然在向主管反應時要注意措詞，不要讓主管以為你是在「指導」他，有越權的嫌疑。

你的主管是：整合效率型

這類型的主管個性通常較為溫和，他們善於整合工作，喜歡安排不同的下屬做同一項工作，然後從中找到最好的企劃或做法；他們也偏好多方吸收公司內部的各種傳言，以判斷出是非對錯。

面對這樣的主管時，你要善於建立關係，因為這類型的主管非常注重人際關係，喜歡團隊合作，所以建立良好的人際關係可以為你和主管達成工作上的共識。而面對工作問題時，要善於將問題「統合」、「做連貫」，同時對於結果的預測也要合乎情理，切不可給主管留下冒失、經驗不足的印象。

你的主管是：過分挑剔型

工作時，有些主管總喜歡挑剔下屬，這類型的主管往往能力很強，認為你應該將上面交代下來的工作都做好，會拿自己的標準來要求下屬。還有另一種情況是，這類型的主管自己的能力有限，當下屬有好的企劃和創意時，由於他嫉妒下屬的才能，就會認為如果不找出下屬的毛病，就無法表現出自己的能力比他高。

面對這樣的主管向你交代任務時，你一定要瞭解他的動機，清楚知道這項工作的目的，然後將計畫做得更周詳，準確無誤。將自己分內的工作做好，以好的表現贏得他的信任，讓他認為你是團隊當中最好的；適時地向過分挑剔的主管表明你的忠心，改變他對你的印象，讓他認為你是個值得信賴的下屬，如此將會對你與他的相處更為有益。

相處順暢無阻，平時就摸清主管個性

宜容在一家公司擔任助理。當她進公司之後，先想到的是要如何做，才能跟主管有良好的合作默契。

在一段時間的觀察之後，她發現主管為人較保守、做事嚴謹，對時下流行的東西較沒興趣，於是宜容毅然捨去了喜歡的短裙、無袖上衣等年輕的裝扮，以一身規矩的套裝、乖巧整潔的形象出現在主管面前。

主管看著宜容穿著一身專業的套裝，非常滿意。

在初步得到主管的好感之後，宜容原先就是個活潑、樂於助人又大方的女孩，於是她主動跟主管接觸，想建立起友誼。不料，主管為人較孤僻，喜歡獨處，對宜容的熱情不太習慣，還有些刻意迴避。當宜容意識到自己的做法不妥之後，就改變方式，順應主管的個性，不再經常繞著主管轉。

後來，宜容發現主管有一個最大的興趣，就是打網球，於是她開始打起網球，並且經常去主管去的體育館打網球，而且每次都會和主管說上幾句話，或是切磋一下球藝。時間久了果然奏效，主管漸漸對宜容放鬆了防備，和她成為朋友。

經過一番來往，主管漸漸地瞭解了宜容的優點和才能，於是，在工作上對她委以重用。宜容投其所好、又大方得體的「招數」，終於出色地將自己推銷給主管，贏得了工作上的順遂。

如果你能多瞭解上司一點，知道他喜歡什麼、不喜歡什麼；需要什麼、不需要什麼，然後做出相應舉動的話，那麼你就能在工作中與主管相處毫無障礙。

在職場中，平常你需要先做的事就是：觀察主管。因為每天我們都要和主管相處八小時（或更多）以上，主管跟我們的互動是密切的，因此，想要在生活中搞定你的上司，我們當然需要先瞭解主管的個性，才能與之和諧相處。

那麼，為了避免說錯話，我們在開口之前，平時應該先瞭解主管的哪些方面呢？

收買主管心·Tips·

清楚主管的個性和「習慣」

如前篇所說，每一位主管的個性都不同，與其交流的方法也有所不同。嚴謹的主管認為工作必須認真、謹慎、一絲不苟，每一個細微之處都要考慮清楚，不能有半點誤差。

面對這樣的主管時，自己要把握好分寸，少做決定，工作中的細節一

定要多詢問、多請教，任何不明白的地方都要弄清楚，不能模棱兩可地行事，做事不可草率。

愛出風頭的主管認為下屬應該做好工作，但是，到最後決策的時候，無論大小事都要交由他決定，下屬不可越權。面對這樣的主管時，下屬就要經常向他彙報工作，讓他知道自己的工作進度，他才能夠放心。等到最後關頭做決定時，你必然不可自作主張。

而喜歡推卸責任的主管，這類型的主管多半因為能力不足，因此都將工作分派到下屬身上，自己則甘於等待成果。他們最常見的做法是，看著下屬做事，自己卻無動於衷，也沒什麼建議可以給下屬。

當面對這樣的主管時，你也不可露出輕視他的態度，反而應該多利用他給予你的權力，自由地發揮自己的才能，讓自己進步。同時不要忘了常向主管「請教一番」，滿足上司高高在上的心。

不要過度揣摩主管的想法

作為下屬，有時為了便於與主管更好地溝通，難免會對主管的心思加以揣摩，把主管的一舉一動都看在眼裡，一個小動作、一個小眼神，似乎都在暗示著什麼。

但是其實很多時候，人的行為動作都只是一種無意中的反應，並沒有特殊意義，如果因為你的胡亂猜測，而做出了毫不相關的反應，使得原本沒有的事被「想多了」，這可就多此一舉了。

俗話說：「人心隔肚皮」，我們無法懂上司的真正所想，再多的猜測也只是表面之功。我們要做的是，站在客觀的立場上，去分析主管的行為和話語，而不是單就自己的心態去揣摩主管的心思，這都是沒有實際效用的。

對主管的愛好有些概念

作為下屬，瞭解主管的喜好是必要的。如果主管喜歡什麼、討厭什麼，你都能記在腦海，那麼自然溝通起來就會容易的多。

在平常工作時，下屬應該要有意識地根據主管的行動，去掌握他的愛好。溝通時，更應該投其所好，避其所惡。

此外，想要進一步得到主管關注的話，還可以試著瞭解主管的喜好，用共同的話題加深彼此的關係，就能產生共鳴，使雙方的關係更和諧。

6-3 跟人說話，看著對方眼睛很重要

建志是一家科技公司的部門主任，他工作非常認真，但就是不太會看場合說話，他不懂上司的眼神所暗示的意思。

一天，公司來了一位客戶跟老總討論合作案，老總熱情地接待了他，建志當時也在場，他跟前跟後地幫老總張羅。

雙方入座之後，談到一半，客戶與老總在價格上意見有了分歧，並激動地爭辯起來。兩個人為了己方的利益都不肯讓步，以至於發展到最後吵得不可開交。

建志見狀，愣愣地坐在原地，不知道該怎麼辦才好。直到老總拂袖而去，才回過神來，他站起身來想和老總一起離開會議室，但要出去的時候，建志看見老總轉頭，向他搖頭示意，要他回到會議室，最後還給了他一個眼神。

建志不懂那個眼神的意思，站在門外想了一會兒，他想老總跟客戶吵成這樣，老總那個眼神的意思肯定是：「送客！沒什麼好說的了。」

所以，他回到會議室裡，和客戶客氣了幾句，看著客戶的情緒逐漸平穩下來，他也就送走客戶了。客戶臨走時還說了：「我看往後我們也沒必要再談了……這樣子真的沒辦法合作……」說完就離開了。

將客戶送走之後，建志來到老總的辦公室，老總問他：「怎麼樣，客戶還在生氣嗎？」，建志說：「我和客戶談了一下子，他已經沒那麼生氣了，但是……」沒等他說完，老總鬆了口氣說：「那好，我再去和他談談，他們是大客戶，可不能丟了。」，建志聽了，詫異地睜大眼睛說：「您不是要我把他送走嗎？」，老總聽了震驚地說：「什麼？我的意思是讓你把他留住，跟他稍微聊一下，你怎麼給我送走了？」建志無言以對。

從那次之後，老總就沒有再指派建志重大的任務了。

建志之所以失去老總的信任，是因為他沒能弄懂主管眼神的意思，會錯了意，讓公司失去了一個重要的客戶。由此可見，讀不懂主管的眼神是職場人的大忌之一。

當然，這也不能完全怪建志，也許他跟在老總身邊的時間還不夠久，但是，如果下屬能從主管的眼神當中「翻譯」出有效資訊，就能讓自己走得更順遂。

一個人的情緒好壞直接反映在眼神上，說話、動作等都有可能掩蓋過去，但是眼神是無法「真正」假裝的。

眼睛無怪乎大小圓長，重要的是眼神，眼神的變化能直接反應出我們內心情緒的變化。所以，平常我們就要習慣注意主管的眼神，看著主管的

眼睛說話，也就能避免不會看場合的情況出現了。

那麼，究竟要怎麼讀懂用眼神「會意」的事呢？

收買主管心·Tips·

注意！主管的眼神變化

在職場中，跟主管交談時，對方的眼神也許會出現以下幾種類型：

◎眼神迷離：他並沒有看著你，而是看著別處，這說明了他心裡還想著其他事，並沒有重視與你的談話，或是對方想以他的不重視，讓你得到做錯事的懲罰。

◎長時間盯著你看：這表示他想從你口中得知更多情況，用眼神逼你說出實情。

◎從上到下看你一次：這表示他有很強的支配慾，且有很強的優越感，這些都意味著他很自負。

◎偶爾看你，眼神接觸之後就移開：如果在談話的過程當中，他經常做這樣的眼神動作，就說明了他在你面前缺乏自信。

◎友好、坦率地看著你：這樣的眼神表示他同情你，對你評價較高，或者是他想鼓勵你。

◎用銳利的眼神盯著你：這樣的眼神代表他在展現自己的權力和優勢，帶有一些質疑你的意思。

眼神能夠告訴你的事

老話常說：「眼睛是心靈之窗」，它當然也能夠作為「武器」來運用，讓人膽怯、害怕。

眼神的各種呈現，例如：露出諷刺、不屑的眼神，表現出了反感和仇恨；眼神發亮、有精神，表示具有同情心或是有極大的興趣，還能表現出贊同和好感。透過眼神的變化，除了可以看出對方的情緒之外，還可以透露出對方更多的資訊。

在職場中，當你無法判斷主管的心思時，不妨注意一下對方的眼神。無論上司想如何掩飾自己的真實想法，但是眼神總會透露出端倪，這也是我們常說的「見機行事」。一個不懂得看主管臉色的人，也很容易不會看場合說話，如此，當然也就容易出錯了。

應對主管眼神變化的對策

在平常工作中，我們常會碰到難以解決的棘手問題，此時，不妨注意一下主管眼神的變化，透過觀察，瞭解主管的情緒以知道是否能順利解決問題。例如：

◎主管眼神平靜，沒有任何表現：這意味著他對於你急於想解決的問題早就有了對策。此時，你要向他請示解決的方法，與他討論。

◎主管目光呆滯：這意味著他目前也毫無方法，你就避免再問他如何做，以免有將問題推給他解決之嫌，可能還會引起他的反感。聰明的下屬會知道，此時正是展示自己能力的機會，自己想辦法解決是明智之選。

◎主管眼神陰沉：表示目前他正處在負面情緒之中，這時，你就要少說一點話，甚至應該離開，以免掃到颱風尾。因為你現在要說的話，他一點都不感興趣，你需要等一段時間。

◎主管眼神靈活異於平常：說明此時他正「心懷鬼胎」，無論是好事壞事，即使他嘴上說得很好聽，你也要小心，否則就容易落入主管的圈套之中。

◎主管眼神有笑意：表示他的心情非常好，對當下的事也滿意，此時你提出的任何要求，極大機率他都會答應，所以，你一定要抓住這種寶貴機會提出要求。

除此之外，在你提出自己的見解時，主管眼神淡定，表示他認為這些話是有道理的，可以照你預定的計畫做；而主管眼神上揚，表示他不屑聽你的意見，無論你的理由再充分，說法再完美，他還是不會接受的，這種時候你就不要再浪費唇舌，應該立刻停止，轉而詢問他的意見。

會看懂上司的眼神、讀懂上司的心，當然不會只是一日之功。職場人應該在平常的生活中多做觀察和練習，就能嚐到甜頭。

說話前，判斷主管舉止之下的情緒

Case Show

和偉考上了政府機關的公務員，他的頂頭上司張科長為人熱心，對年輕人也是以鼓勵代替責罵。在和下屬來往時，從來不打「官腔」，一直都是公平地對待每一位下屬。因為工作上的需要，張科長經常找下屬談話，想藉此多瞭解一些內部情況和他們的想法。

這天，和偉有事要向張科長報告，但他並沒有事先和張科長打聲招呼，說要彙報事情，也不知道張科長是否有時間。不巧的是，因為上級的人要來聽取簡報，張科長這幾天確實很忙。

和偉敲門後走進張科長的辦公室，科長並沒有因為和偉是新進職員而冷落他。因為在張科長的觀念裡，對誰，無論職務高低，他都會認真接待。

但是當討論開始的時候，科長就顯得有點「心不在焉」了，和偉彙報的時候，科長很少看向他，雖然也在認真聽，但是手邊總是「沒辦法閒著」，一會兒批批文件，一會兒檢查PDF檔案、抓抓頭髮。接著，和偉的話還沒有說完，科長就先打斷了，表明已經明白他的意思了。

於是和偉這才發現，科長似乎真的很忙，現在不是報告的時候，他便向科長表示，擇時再過來一次，就趕緊離去了。他透過主管的行為舉止知道了對方現在很忙，不是可以長時間討論的時候。

和偉有一點做得不是很好，那就是應該先詢問科長是否有時間聽他的簡報，雖然如此，後來他透過主管的舉動看出了對方現在正在忙，於是先行告退，至少有了彌補的作用。國外的研究也顯示出，肢體語言在溝通中的資訊構成比例，就占了55%，有著明顯易懂的特色。

由此可見，想與主管打好關係，就要善於讀懂主管的肢體語言。

在與上司的交談當中，對方的心理狀態能從他的舉動表現出來，這些都是容易解讀出的心理狀態。

那麼，你該如何透過主管的行為舉止，看出他的想法呢？

收買主管心 Tips

「笑容」反映出的主管心理

透過主管的笑容，可以看出主管的想法。通常人們在「哈哈」大笑時，很明顯地表現出他現在很放鬆，此時，你可以大膽地向主管提出建議或要求；主管如果是「嘻嘻」的嗤笑，則是幸災樂禍的表現，可能你在做某件工作上的想法是錯誤的，又或者是對競爭者出現的失誤表現出幸災樂禍；如果主管「嘿嘿」笑時，多半意味著譏諷、或是蔑視，這類主管多為自大的人。

「手勢」反映出的主管心理

人類手勢的變化非常豐富，當主管與你溝通時，若出現以下幾種手勢動作：

例如，雙手叉腰，這代表他有強烈的控制慾，在與他人的接觸當中，他是支配者，並且是主觀的命令；雙手合掌，則表示他想讓內心平靜下來；雙手交叉在腦後，雙肘向外，代表他現在想休息了；雙手平靜地放在背後，則表現出他具有優越感；當主管用手拍拍你的肩膀時，就表示他是真誠地讚賞你；當主管雙手托著下巴時，表示他正在思考事情的是非對錯；當主管不自覺握緊拳頭時，這意味著他想為自己辯護。

看看你的主管出現了哪種舉動吧。

「距離」反映出的主管心理

人與人之間在面對面的場合當中，常常會因為「親」、「疏」的關係，而不自覺地保持在不同的距離上，這在職場當中同樣可以感覺出來。

在與主管的交談之中，如果他與你的距離較為接近，這表示他想與你親近，與你較沒有距離感；如果你們之間的距離在一般的距離之間，這表示你們只是一般關係；如果他與你的距離明顯較遠，則說明了他有高人一等的態度，不想與你為伍，更表現出了他是主管，而你是下屬的上下關係。

「站姿」反映出的主管心理

與主管溝通時，如果彼此都是站著，那麼透過站姿可以看出他的內在

心理。

如果主管的雙腿併攏站直，表示他較腳踏實地，忠厚老實，只是表面上顯得有些冷漠；如果主管兩腿分開，腳呈外八字型的站著，就表示他果斷、不裝腔作勢；如果主管雙腿併攏，但一腳稍微往後，則表示他有雄心壯志，個性較暴躁，是一個積極進取、富冒險精神的人；如果主管一腳直立，一腳是彎置其後，以腳尖點地的話，則說明了他的情緒較不穩定，你可能在工作上容易遇到麻煩。

「坐姿」反映出的主管心理

和上司一起坐著交談時，如果對方蹺起腿來，則表示他現在很有自信，沒有煩惱；如果主管雙腿併攏，雙腳平放到地上，則說明了這個主管比較踏實、誠懇，時間觀念強；如果主管坐的時候雙腿前伸，說明了這個主管較以自我為中心，凡事喜歡成為中心人物；如果主管坐的時候，盤腿，且一腳盤在另一腳之下，則顯示出他的個性很獨特，沒什麼責任感，但有著極強的創新能力。

6-5 一針見效，找到主管的個性弱點

王副主任個性很直，經常口無遮攔，因此得罪了許多人，以至於在副主任這個位子上一坐就是十幾年。辦公室裡的明賢對這件事也是心知肚明的，多少次明賢都跟王副主任談過了，在安慰主管的同時，也幫他分析了問題所在。

可別看王副主任一副大剌剌、直來直往的樣子，但其實他自尊心很強、要面子，最容不得別人說自己不好，尤其是下屬的批評。明賢為此很為難，也不知道該多說什麼。

一次，王副主任與明賢出差，在聊天時，王副主任聊起了心事，他認為自己為這公司鞠躬盡瘁了十幾年，公司剛開的前幾年還因為工作量龐大，連母親病逝了都無法趕上最後一面，是這輩子的最大遺憾，但是上頭對自己的待遇一直是不公平的……最後，王副主任嘆了口氣說：「看了看，我這輩子只能混到這裡了，不像你還年輕，前途無量啊！」

明賢聽了之後說：「我怎能跟您年輕時候比，我要是能有您的一半就不錯了。您最大的優點就是心直口快，最大的缺點也是心直口快。這雖然容易得罪人，但是也容易交到朋友。再說，提到業績、提到資歷，誰能跟您比？您現在是公司裡的元老級主管，很多事沒有您還真是一團亂呢！」

一番真心話之後，王副主任的滿臉愁雲也就煙消雲散了。他高興地拍拍明賢的肩膀，讚許他：「公司裡的人要是都像你一樣瞭解我就好了！」說得明賢都不好意思起來。

明賢是一個懂得從主管的個性弱點上「下手」的下屬，他理解上司的脾氣，王副主任是一個容不下別人說他不好的人，但是如果一味地稱讚他，又不能解決他的根本問題，所以他採取了「一石二鳥」的做法。明賢的話裡沒有一個同情的字眼，但卻透著同情的心意，是有人情味的理解。其次，明賢分析了主管失意的原因：「心直口快」，同時既讚揚了心直口快的好處，又指出了容易得罪人的壞處。這樣的說法，能讓主管保有面子，又能讓他比較容易接受。

在職場裡，主管的脾氣也有很多種。由於每個人的生活背景、專業知識、個人修養都不同，使得他們在工作中對人事物的看法也存在著千差萬別。這就需要我們掌握住主管的脾氣與地雷，在與其交談之中避開其所不容，說他們喜歡聽的話，這樣上下溝通起來才能更有效，更容易將工作做好。

看看以下類型的主管你該如何應對：

收買主管心·Tips·

應對冷漠的主管，從愛好入手

有些主管喜歡我行我素，面無表情，不善於與下屬來往，或是對人情世故不拿手。即使下屬面帶微笑地跟他打招呼，他頂多會點個頭表示聽到，不會多說一句話。

這種「冷」個性的主管多半比較內向，不善於與他人來往，但不乏有自己的愛好，他們並不是自大、傲慢，只是缺乏某種熱情，所以給人一種清高、冷漠的形象。當面對到這樣的主管時，作為下屬，可以多從其愛好入手，別被他們的冷漠嚇倒了，找到他們的興趣點，對症下藥，就能讓他們出現不一樣的反應。

例如，你的主管打了一手好球，沒事的時候經常會約上三五好友一起打籃球。作為下屬，可以無意間在主管面前提到自己也喜歡打球，以此引起對方的興趣。然後，可以跟主管聊聊打球的技巧，或是某場籃球賽的好球，在放鬆的狀態下，彼此的隔閡就能消失了。

應對疑心重的主管，要小心對待

疑心重的人在現代社會中很常見，當然，這樣的主管也不在少數。他們多半的表現是：過度防備，對下屬的一言一行都看在眼裡，細細琢磨，同時也怕自己的錯誤被下屬發現。或者是過度謹慎，不信任下屬，凡事都要問個究竟，追查個清楚，經常懷疑下屬會在背後說自己壞話等。當面對到這樣的主管時，下屬會很疲累，但也不是沒有辦法解決，只要你能改變跟他相處的方式，就能達到正向的交流。

疑心病較重的主管多半是缺乏自信，對自己的能力沒有自信，怕下屬超越自己，頂替自己的位置；擔心下屬在背後聯合，架空自己的權力；擔心下屬向自己的頂頭上司告密，說對自己不利的話等等。與這樣的主管相處，你要注意以下幾點：

首先，做事小心謹慎，從主管的立場上思考問題，不要做出有破綻、讓主管不放心的事情。主管看你做事嚴謹，一絲不苟，他就能放下心來，疑心病自然不會那麼極端。

第二，經常回報他工作狀況，多去請示他。你的工作要經常跟他報告，多去問他自己的下一步應該做什麼，不要悶不吭聲地在那裡自己做，讓他不知道你在做什麼，難免就會起疑心。常彙報，多請示；凡事都不要擅自做主，由他定奪。

第三，可以的話，要多稱讚這樣的主管，當然也不要太過度，如此才能改正他沒自信的毛病，消除他過重的疑慮，他也會對你更有好感。

應對頑固型主管，要溫和對待

職場中，也經常會碰到這樣的主管：下屬的工作出了問題，不容解釋，沒有理由；對下屬提出的反對意見或建議，他會無視，不會聽入耳裡。

面對這樣的主管時，你可以做到以下幾點：第一，修正自己說話的語氣和用詞，說話方式要溫和，不能有半點不服之意，這樣他才會願意聽下去，才有改變想法的可能。

第二，回報自己的工作狀況，特別要表明，這不是為了自己，而是為了整個團隊，讓主管瞭解你的出發點是好的。

第三，提出建議時，要注意自己是下屬的身分，不可提出超過自己權力的意見，讓他認為你有越權的舉動。

切記！職場人的說話禁忌

志偉是一家公司的行銷企劃，小伙子聰明能幹，很受頂頭上司余經理的喜愛，兩人私交甚篤，私底下稱兄道弟，經常一起打球吃飯。

這天，余經理把志偉叫進辦公室，交給他一項任務，並把自己對這個case的想法一一告訴了志偉，要志偉按照他的想法去做。志偉一直都很認真，特別又是公司內的上司、私下是哥兒們的余經理交代的，因此他更是全力以赴。

志偉經過幾天的努力後，做出了一個企劃案，余經理看完之後非常滿意，同時，還召集辦公室的員工開了個會，大家一起討論了志偉的企劃案。志偉對此非常開心，並按照大家最終討論的結果修改出了新的企劃案。

第二天一上班，志偉就將企劃案呈給余經理，余經理拍著志偉的肩膀說：「哥兒們，辛苦了，謝謝，又幫了個我大忙了！」，志偉笑說：「不用客氣，這是我應該做的。」

又過了一天，余經理的頂頭上司王總經理把志偉叫到了辦公室，問：「這是你的企劃嗎？」，志偉高興地說：「是我和老余的企劃。」，「老余？」王總經理瞇著眼睛看志偉，但志偉並沒有看出其中的原因，仍然直率地說：「是啊，我們是哥兒們，我們一起想了幾天才寫出的企劃案。」，「這竟然是你們研究了幾天幾夜的結果？」王總經理將企劃案直接丟在地上，志偉立刻傻了。

看到王總經理生氣了，志偉開始後悔自己剛才的發言了，更何況很多主意都是余經理想的，志偉只是一個執行者，何苦也被牽扯進去。於是，志偉認真地說：「這個企劃案是我們部門一起修改的，而且，余經理也非常贊同，這個企劃案60%都是余經理的發想。」

聽到這裡，沒想到王總經理直接就把余經理叫來，讓他們當面對質。

王總經理馬上追問余經理：「聽說這都是你的想法？這種東西還能叫企劃案，還值得你們那麼多人來研究？我看你這個經理還是不要當了。」說完，王總經理揮了揮手，要他們兩個出去。

志偉和余經理從王總辦公室出來後，余經理生氣地將志偉唸了一頓，志偉覺得非常委屈。余經理說：「以後說話前動點腦子，別一五一十地什麼都說出去。」，志偉也生氣地說：「但是，我並沒有說錯什麼啊，更何況我說的都是實話吧。」余經理聽了，瞪了志偉一眼，便離開了。

志偉回到辦公室裡，越想越不知道到底是怎麼回事。於是悄悄地將剛才的遭遇告訴了同事正銘，正銘便說：「余經理跟王總經理早就有心結，而你竟然在王總面前和余經理拉關係，王總聽了當然很反感，才有這樣莫名其妙的結果。」志偉聽完恍然大悟。

於是，志偉走進余經理的辦公室，誠懇地向余經理道歉，表示都是他一個人的錯才連累了大家辛苦修改出來的企劃案，以後一定會更注意。余經理揮了揮手，要他不要在意，志偉終於學到一課：「以後說話前要注意對象是誰。」

志偉之所以受到刁難，就是因為他犯了職場大忌，在言談之間和上司結夥拉關係。在職場上，經常有人覺得自己和主管的關係很密切，所以就不注意說話的語氣和態度，但其實，這種做法是非常危險的。

作為你的主管，他總要表現出與眾不同的地方，而你是他的下屬，你最重要的工作就是協助他完成工作，並且給予他最起碼的尊重。因此，對你的主管，說話一定要有分寸，什麼該說、什麼不該說一定要抓好分寸。只有你現在清楚了職場禁忌，才能正確處理好與主管、同事之間的關係。

尤其要特別注意的是，工作就是工作，友誼就是友誼，不同的關係，要在不同的地方表現。不要在不對的場合，表現出不恰當的友好關係。

那麼，職場人應該知道的說話禁忌有哪些呢？

收買主管心·Tips·

主管問話時，反應遲鈍NG！

「沉默是金」是名言，但是也得看場合和時機。如果是整個部門一起

開會時，主管向你提出一些關鍵問題，你也「惜字如金」，那麼主管定會反感你的遲鈍（甚至是沒有反應），又如果你讓主管對你留下這種印象的話，那麼你在公司的發展前景應該也不會太樂觀。因為沒有哪一個主管會想給一個反應遲鈍、寡言過度的員工太多機會。

在主管面前，謹慎、謙虛是必須的，「少言」也是必須的。但是「少言」並不等於「無言」，如果你連一句話都沒有說，又或者是說話結結巴巴的，那麼主管定會認為你是一個沒有想法，且語言表達能力欠佳的人。

愛指點主管？NG！

有些人天生較自大、目中無人，這樣子的人在各方面可能有著比別人好的條件，但會因為自己的狂傲而顯得愚蠢。無論你有著再好的條件，在主管的面前，你也得屈於人之下的地位。如果你在上司面前大談自己的閱歷有多豐富，那只是剛好說明了你是個缺乏智慧與教養的下屬罷了。

而目中無人的員工有一種特色，那就是一心想壓在別人頭上，以顯現出自己的優勢。然而，這在職場上是行不通的，動不動就想提出自以為較好的想法，動不動就想指點主管該怎麼做，如此的控制欲，當然會讓上司非常不悅。說實在的，沒有哪個主管喜歡被自己的下屬指點，還得畢恭畢敬地聽你「指導一二」的。

向主管吐苦水，NG！

記得，工作場合不是讓你來訴苦的。有些員工，只要主管一問起工作的進度狀況，就開始大吐苦水，說這個缺資金、那個缺人手。試想，如果你什麼都不能解決，又怎麼能表現出你的工作能力呢？那麼公司還用你做什麼呢？讓你做這份工作，必然有上司的道理，在他心裡也有所衡量，沒有哪個主管會故意delay進度跟你過不去，安排鐵定完成不了的任務給你。如果真有這樣的主管，那他也必定不是一個稱職的上司，早就被公司開除了。

還有一類員工，總愛在主管面前大談自己曾經歷這樣、那樣的不幸，還要承擔家庭重擔等等，聽得主管不厭其煩，大倒胃口。並不是說主管這樣是沒有同情心，而是作為主管，他需要承受比一般員工更大的壓力，腦袋裡想著工作，而你的一番話語更是讓主管厭煩，他自己的問題還沒有解決完，沒有義務還要為你的家庭擔憂。

問主管小事，NG！

在職場可不是在學校，能讓你隨意地向老師提出各種大大小小的問題，犯錯了也沒關係。在公司裡，表現的是你的專業程度，你當然可以向主管問一些與你所學專業相關的問題，或者問一些公司制度的問題。

但在發問之前，你一定要先想想，你要問的事情是不是必要的？你的問題是不是一些程度低，或者是非常小的事情？例如，影印機怎麼用、值日生的打掃內容等等，會讓主管覺得你怎麼問這種小事，況且這些問題你完全可以問其他同事得到解決，沒必要「驚動」到主管。

職場測驗 Workplace Test!

 小人的流言對你的殺傷力有多大？

如果金錢無虞，又有一段長假能讓你隨意決定旅遊地點，那麼你會最想去哪裡呢？

A. 現代都會。
B. 鄉村小鎮。
C. 文化古國。
D. 原始叢林。

選擇 A： 你的適應能力極強，無論面臨到多棘手的問題，都能處之泰然地解決。說你具有完全的謠言免疫能力，一點都不為過。那些八卦，在你耳裡聽來，始終都只會是你茶餘飯後的說笑題材，像是耳邊的一陣風，吹過卻沒留下一點痕跡。

選擇 B： 你很討厭被別人誤解，如果聽到與自己相關的不實傳聞，你會非常氣憤，而且把這件事牢牢地記在心上。但是提醒你，悶久了，反而可能會累積殺傷力極大的負面怨氣，導致你無法再真心地去信任身邊的人，這並不是件好事，試著多去觀察別人、理解別人，開闊自己的心胸吧。

選擇 C： 你的內心雖然會受到謠言影響，會在短時間內陷入情緒不穩的狀態，因而需要一個人獨處來療傷。但不需要多久，你就能以自己的力量自然痊癒，因為你想起了生活中有其他更重要的事要做，那些重要的事能分散你的注意力。也就是說，你是善於自我療癒的類型。

選擇 D：你是個自我中心的人，無論發生什麼事，總抱持著只要相信自己是問心無愧的，就不會在意別人怎麼說。你始終相信這世界是清者自清，濁者自濁的，那些沒有來由的謠言八卦總會有清白的一天，根本不需去為此過度擔心。這樣的你，能活出周遭人都羨慕的自由人生。

Chapter 7

不只是會說好，會拒絕才能上下和諧

──拒絕要委婉，敷衍要真一點

我們說，與上司對話時，最難的不是無話可說，而是不知道如何說「不」。拒絕主管也是一門職場上的學問，拒絕得好就能不得罪人，反之則勞心費力，還把上下關係都弄糟。當你力不所及的時候，不妨把拒絕說得委婉一點，說出你合情合理的理由，即便是敷衍，也要做得看起來真切，這才是婉拒主管的絕妙招數。

說「不」，也要看對時機才可行

宣文在這家公司工作已經四年多了。這四年裡，宣文對工作認真又細心，主管交給她的任務，從沒有失誤過，她對工作的態度並沒有因為在公司待得久，而有半點輕忽。因此，宣文很受她的上司孫經理喜歡，對交給她的任務完全放心。

但是，這樣也養成了不太好的習慣，因為，孫經理任何事都指定要宣文做，這讓宣文苦不堪言。

剛開始，宣文對孫經理掛在嘴邊的話：「不管什麼事只要交給宣文，我絕對放一百個心。」非常高興。但隨著時間一久，交給她的事情也越來越多。

「宣文，這個客戶只有妳能說動他。」、「宣文，這個案子妳盯一下。」、「宣文，台北的專案人手不夠，妳看能不能調一下人。」、「宣文，這是今天報到的新人，妳幫忙帶一下。」此外，每次孫經理為了某事又抓狂時，都必定會大喊宣文過去。

就這樣，宣文的工作越來越多，就算她加班也做不完。而她周遭的同事卻是閒得兩眼發楞，但薪水卻不比宣文少多少。

就算面對這種情況，宣文仍然想著：「這是他們在考驗我，如

果我能忍一忍的話，肯定能升職、加薪。」所以，宣文仍然任勞任怨地工作。

但事實上，每次公司有職位上的空缺時，例如某位主管離職或是調往外地，這位子總是被其他人頂去，似乎這些事都與她無關。

後來，宣文才從人事部打聽到，原來公司的人事主管對於她升職的事已經討論了很多次，但是每次都被孫經理給擋了下來。

孫經理認為，宣文的工作能力很好，但作為管理人員還需要一段時間。人事部的前輩還悄悄地對宣文說：「妳想啊，要是妳升職了，他去哪裡找這麼任勞任怨的萬事通呢？」宣文聽了，不發一語。

下班回家之後，宣文把包包重重地丟到沙發上，向先生抱怨：「做事的都是我，升官的都是別人，這還有天理嗎？」，先生聽了，安慰她：「老實說，這件事我早就想跟你談了，如果說，我是你們主管，我也不會升你的……一個不懂得拒絕的人，要怎麼去管人家呢？」宣文想了想，覺得先生說的話很有道理。

於是，她問，那她該怎麼做？先生便說道：「要試著找機會和主管說『不』，這樣他才會知道你的價值與成長。就試試看吧。」，宣文點點頭。

第二天，宣文到了公司，還沒坐下，孫經理又找她：「宣文，台北那邊已經開始了一個專案，你來調人吧。」，宣文便鼓足勇氣地說：「經理，我現在手上有三個大case，兩個小企劃了，還要帶新人薇薇做事，我擔心時間上安排會來不及，您看是不是可以安排誰做一下。」孫經理一聽，立刻說：「宣文，只有妳做這個case，我才放心。」，「嗯，那好吧，我儘量先趕這個吧。」說完這句話，宣文真是後悔自打嘴巴。她看著孫經理，突然冒出一種想法：「不過，要準時、順利地完成，我需要幾個人，經理您看能不能派幾個人幫幫我。」宣文輕描淡寫地說。

孫經理驚訝地看著她，接著，又笑著說：「好，我安排幾個人幫你吧，以後他們都歸你管理，有什麼事你就安排一下他們。」

宣文為孫經理的這樣安排很開心，這也正中宣文的心意。原來她想，如果孫經理答應派助手給她，就變相地等於她升職了，她的工作也能順利分攤出去了；如果孫經理不答應，那他也不好再把新任務塞給自己了。

自從那次之後，孫經理就很少提過追加新工作的事，還破天荒地經常跑來關心宣文的工作進度，提醒她有任何困難就說，別累壞了身體等等。一年之後，宣文果真升了主管。

宣文的情況在職場中很普遍，在孫經理跟她追加工作時，他並不知道宣文的工作有多少，他只知道宣文不會拒絕，而每個人都喜歡跟不會拒絕的人提出要求。

一些不明事理的同事還會認為，你之所以願意做，是因為上司給你的薪水好，所以你不會拒絕。不過事實證明，你得到的通常並不會比別的同

事多到哪裡去。

很多時候，你並不需要特別嚴厲地拒絕上司，你只需要說出自己的難處，主管也不會覺得你的拒絕很過分。當要拒絕主管時，你要向主管表明，你有實行上的困難，讓他明白你並不是三頭六臂的超人。

和主管說「不」是一門學問。有時候，會因為自己的時間有限，即便我們很想拒絕主管，但礙於主管的權威之下，我們無法將「不」說出口，但這勢必會替自己帶來很多麻煩。因此，能夠學會巧妙地跟主管說「不」是一件非常重要的事。

那麼，在職場中，我們要如何拒絕主管，又不會讓他感覺不好呢？

收買主管心 Tips

別當著同事的面，跟主管說「不」

每個人都要面子，主管更是。如果主管下達給你的任務，你當場拒絕，這不但會讓主管的顏面掃地，也會變成其他同事拒絕工作的先例。

此外，當眾拒絕主管會讓別人有狂妄自大、不把主管放在眼裡的印象，日後容易被主管在雞蛋裡挑骨頭，更甚者，其他同事也許會反對你所提出的意見。

先肯定，再拒絕

這種「先肯定」、「後拒絕」的策略在職場當中非常有效。無論是主管對下屬，還是下屬對主管，這樣做都能避免引起接受者的反感。

在向主管使用這種策略時，要先肯定主管分派工作的正確性，表示理解，其次是提出自己的想法，說明為何不能接受，最後再對主管肯定自己的能力表示感謝。以這種方式拒絕的話，通常都能為大多數主管所接受。

站在主管的角度上，思考理由

在跟主管說「不」之前，一定要注意聽他的要求，看他的眼神、動作，才能明白他真正的想法為何。也就是說，當主管要求你做某件事時，你要從他的「話裡」、「語氣裡」、「眼神裡」看出他真正的意思和情緒，你才能依此決定要如何說「不」。

在職場中，聽懂主管的意思再回答，是他與你工作能協調的關鍵，如果因為客觀因素你必須拒絕他交辦的事情，那麼當然就需要正確地理解、弄懂主管的心思。如果你不清楚他真正的目的、不懂他此時此刻的情緒如何，就很難拒絕的好。如此，除了無法達成雙方的共識之外，還可能讓他對你產生誤會，這是得不償失的事。因此，先聽懂主管的意思，看懂他的情緒，是下屬做好拒絕的前提。

如果你對拒絕後的結果不確定，那麼不妨在拒絕主管時，站在主管的立場上，換位思考一下。

如果你是主管，一個員工以這樣的理由拒絕你指派的工作，你會怎麼想？你又會怎麼做呢？如果確定這樣的拒絕有效而無害，再放心地去應用吧。

表達力不能及，別讓主管覺得你敷衍

長志是政府教育相關單位的科長，在這樣一個敏感的職位上，他因為經常受到請託而處在兩難之間。對於上級主管的安排，他不得不聽，但對於下屬他又覺得不好交代，違心的事他也做得不安心，長志的科長可說是當得苦不堪言。

長志與他研究生時期的導師感情非常好，特別是在他最苦惱的時候，總會回去找老師聊聊。

一天，他又回去找老師談天了，並說出了自己的煩惱事，但是老師不過笑著說：「別苦惱了，如果你想解決，我告訴你怎麼做。」，長志非常高興，連忙說：「老師，請您告訴我。」，老師便回答：「你可以跟上面表示你做不到，但是也別讓他們覺得你在敷衍，如果他下次又要讓你做為難的事，你就直接讓他面對這件事的複雜，而不是不清不楚地回絕。也就是說，具體的事情要具體做，我沒有太直接的話告訴你，你自己試試看怎麼做吧。」長志點了點頭。

過了一段時間，某位政府官員想讓長志替自己沒有考上明星高中的外甥，安插到菁英班裡去。但這根本是行不通的，這讓長志很為難，因為一旦事情曝光了，要承擔責任的是他，不是這位官員。這時他想起了老師的話：「直接讓他面對事情的複雜性，告訴他你辦不到。」

於是長志有了主意，他對那位官員說：「好，我會盡力為你安排這件事的，但你要先把你外甥的畢業證書、成績單、身分證等送過來才行。」，那官員聽了很高興，拍了拍長志的肩膀說：「年輕人好好做，有前途啊！」，聽得長志心裡不舒服地想：「有你們這些官員，我想好好做，也要把我拖下水。」

幾天之後，官員的外甥來了，但帶來的卻是一些身分證件等等的文件，並沒有國中的畢業證書。原來他根本就沒有國中畢業，在畢業前半年，他就已經輟學回家了。而且看他的成績單，全是非常悲慘的分數。長志心想：「這樣的孩子竟然還想讓他進明星高中啊……」，但長志壓抑下來對他說：「你先回去等通知吧。」

半個月之後，官員又問起了這件事情，長志先說了說他外甥的情況，隨後說道：「我把他的情況告訴學校了，但是校長表示無法錄取。您說話也許比我有用，您跟那所學校的校長談一談吧，只要他們願意收，我這裡可以處理相關文件。」

那位官員從長志的話裡聽出來，他確實為這件事盡力了，而且事實證明他也確實辦不到。於是，那官員只好說：「那先擱著再說吧！」

長志面對無理的要求，並沒有採取直接拒絕的方式，而是讓對方意識到自己做不到，力所不能及。同樣地，在職場上，下屬要讓主管有「自己願意為此事效勞，但無奈最終不能達成」這樣的感覺。間接地告訴主管，自己不是敷衍了事，進而達到保護自己的目的。

直接拒絕主管，必定會招致主管的不快，還會讓他認為你在敷衍。但向主管表達自己能力不及，對方雖難釋懷，但也不至於會怪罪於你。

而想要在職場上使用「正確」的拒絕，就要採取一些方法，下列原則可供大家參考：

收買主管心·Tips·

平時就加深主管對你的好印象

在職場中，無論你扮演的是什麼角色，都要本著認真的態度做事。不論你是櫃台接待人員，還是經理等級的人物，都要有責任心，凡事盡力而為，並且不要試圖去敷衍主管。

只要你讓主管先留下了這樣的好印象，即使以後你有力所不能及的事情，你直接報告、拒絕主管，他也就能理解你、包容你，並不會認為你在敷衍或搪塞他。

拒絕時，不要答非所問

答非所問的意思是，面對問題，回答的卻不是相同類向的答案，或是對提問不予理睬，只顧著說自己要表達的意思，這樣會給對方你在敷衍他，或是無視他的感覺。

例如，主管交派給你一項任務：「這次的case就給你做了。」而你卻說：「但是這不是我的專長。」，像這樣的拒絕，上司就會認為你在推卸責任，不重視分配給你的工作，或是不願意幫他處理這個工作。

所以，職場人要記得，要避免使用答非所問的說法來拒絕主管安排的工作。

用謙遜的說法拒絕主管的要求

如果主管分配的工作，你真的力所不能及，但又怕直接拒絕會惹火他，那麼不妨採用謙遜的說法來表達出自己的難處。

例如，主管分派給你的工作非常艱難，你認為你根本無法做到，那你不妨可以這樣說：「這次的任務非常有挑戰性，但是我的能力有限，資歷也還很淺，可能無法準時完成。請問您是否可以指派有經驗的人幫助我？這樣，我還可以學到不少知識，也可以確保在時間之內完成。」這樣一說，主管也就會適時斟酌，不會讓你的工作量太大了。

7-3 讓主管放下疑慮，拒絕前先表示贊同

偉華來這家公司已經三年了，擔任工程師的職位。這裡不論是環境、還是上司，或是周遭的同事，他都相處得很融洽。他想如果公司不出什麼意外的話，這份工作他想一直做下去。

但是，突然有一天，他的上司李主任要辭職，因為他要跳槽到另一家條件更好的公司去，臨走時，李主任表示要請偉華吃飯。

兩人來到約定的餐廳，在等上菜的空檔時，李主任語重心長地說：「和你相處這三年多來，很愉快，我們的配合度很好，交給你的工作我也很放心，所以我希望你能跟我一起走，我們到新的公司能發展得更好。我可以向新公司推薦你，我保證，薪水跟福利會比現在好得多。」

偉華也知道李主任要去的那家公司，無論是薪水、還是公司環境等方面，都會比現在好很多，他當然也有點心動。但是他仔細想想，李主任和自己的條件不同，人家是新公司高薪挖角過去的，但他如果過去，只是李主任的一個附帶品，別人未必會像對待他一樣對待自己。而且進入一個新的環境，他還要從頭適應，這需要花費許多時間和精力。他並不想離開現在的同事，還有這份適合自己的工作。後來他打定了主意，不離開現在的公司。但是如果他直接拒絕主管，顯然是不好的，好像李主任一要走，自己就翻臉不認人似的。於是，他想了一會兒。

過不久後，菜都上齊了，偉華幫自己和主任各倒了一杯酒，並說：「我先敬您一杯，謝謝您這三年來對我的照顧和栽培，我先乾為敬了。」說完，他就把酒給乾了。接著偉華又說：「我非常喜歡跟您一起工作，雖然不希望您走，但是人都要有更好的發展。我也想跟您一起去新的公司，但是細想，我跟您的情況又不同，您的專業和處事能力，都是我所不及的，我恐怕不能勝任新公司的職位。再說，我對這新公司一點都不瞭解，您也還算陌生，我們兩個『陌生人』在一起工作，互補的作用可能不大，恐怕對您的工作不算有好的影響。」，李主任聽了也點頭說：「也是，到時候就是我們兩個一個辦公室了，還不熟悉公司的情況，那能做什麼啊？」說完，兩人大笑起來。

最後，李主任表示：「等我熟悉了之後，一切都在掌握中了，你也想跳槽了，就來找我吧！」，偉華聽了，連忙舉起酒杯說：「一定！一定！」

偉華用了聰明的一招，先表示贊同，表明自己很想跟主管一起工作，但是基於客觀事實，又不適合一起工作。先用肯定的語氣表明自己的態度，然後以客觀的立場拒絕，這樣更能讓主管接受。

在職場中，對於主管的請求絕對不要一開始就拒絕，而是要用別的方法來表現對主管的認可與理解，再據實陳述無法接受的理由，以求獲得對方的諒解。只有主管清楚地瞭解到你的難處後，才不至於因為你的生硬拒絕而惱怒。

收買主管心·Tips·

要拒絕，先傾聽對方

在職場中，不論主管的請求你是否能接受，你都要先聽他說。傾聽會讓主管有被尊重的感覺，即使最後被拒絕，只會說明了你確實有困難，而不至於讓主管猜想，你只是隨便拒絕他。

另外，你可以透過傾聽，幫助主管思考問題，即便你自己不能辦到此事，你仍然可以「建議」主管怎樣去做，或者推薦誰比較適合做此事。這樣，主管就會覺得，你是真的不能幫忙這件事，而且也是真心地想幫他解決，只是存在著客觀原因不能做到。

這件事做不到，可以做別的

有時候，無論你找什麼理由，都不能讓主管被拒絕後還保持心平氣和。例如，主管讓你把本應該由他做的工作，讓你來做，如果你這樣拒絕：「我只能做好分內的事，您的事情我可能無法處理。」這樣一來，無形中你還是得罪了主管，所以你要換一種拒絕的方式。

為了不生硬地拒絕，你可以這樣對他說：「我願意幫您的忙，也想透過幫您做事，學習其他的事，但是，最近我手上的幾個工作還沒有完成，加上您的工作會比較困難。還是以您為主，我為輔，看我能幫您做些什麼我做得到的事情？」

如此提出自己可以幫忙做別的事情的建議，合情又合理，對方也就沒有什麼可多說的了。

提建議，一樣先肯定，後否定

在職場中，老鳥很常使用先肯定，後否定的方法來向主管提出建議。

當下屬在向主管提出意見時，要先理解、肯定主管決策中的合理部分，再根據自己的意見，委婉地說出主管不合理的部分。或者先肯定主管的動機是自然的，但其結果將導致負面，以提醒主管再思考一次。

例如，主管想舉辦戶外活動招待大家一起去玩，消除一下近日緊湊的工作壓力，但他提案的地方卻是大家很常去的地方。此時會為主管想的下屬就會想到，如果再去同樣的地方，說不定大家會興趣缺缺。如果這時候你直接跟主管說，大家不會想去那裡的話，當然會讓主管反感了。

正確的做法是，先說明這個地方的哪裡好玩，所以大家「很常去」，然後再向主管推薦幾個地方，上司就多半能理解而答應換地點，並不會因為你的回應而不高興，說不定還會因為你善意的提醒而感謝你。

不知如何回答，用第三人幫你脫身

雅玲是一個八面玲瓏的職場老鳥，她的絕招就是巧用第三者來為她脫困。

在職場上，能拒絕主管，又不至於讓主管難堪，這是一個高招。難怪在同事們的眼裡看來，很多棘手的問題到了她那裡，都能迎刃而解。

一次，公司公佈了新的行政章程，開會的時候，總經理問大家的意見。大家在底下你一言我一語的，有人認為很合理，有人認為有很多疏漏，甚至認為不如之前舊的章程。

總經理聽了一陣子便說：「大家先停一下，雅玲你覺得怎麼樣？」這下，大家的目光都投向她了。這問題讓雅玲很難回答，說合理，會得罪持反對意見的同事；說不合理，又會讓主管沒有台階下。

雅玲想了一下便說：「大家有的贊成，有的反對。」，總經理追問道：「我知道，我問的是你。」，雅玲又說：「這個……我絕對贊成您跟同事們的想法！」這句話，讓總經理又氣又笑，他明白雅玲的為難，便不再追問下去，而要求提出反對意見的人發表自己的理由。

雅玲也是集郵愛好者，她的上司之一，王課長也是集郵迷。一天中午，雅玲正在桌上整理她的集郵冊，王課長正好經過，看到了雅玲收藏的郵票，而且很多都有時代上的意義。

於是，王課長提出交換幾張郵票的要求，但她並不想換，又怕課長不高興，她便對王課長說：「我也想換您說的那種郵票，但這是爸爸給我的紀念品。」一句話，就拒絕了主管，也顯得沒有問題。

但其實雅玲的父親從沒干涉過她收集郵票的事，她只不過是以此作為藉口，但王課長聽她這麼一說，也就作罷了。

與主管溝通需要一些技巧，主管的要求也並不是每次都合情合理，或者是跟你的想法非常契合，但是如果你直接了當地對主管說「不」，這不只是不給主管面子了，還無視他的權威。但是如果不拒絕，自己又覺得為難。此時，聰明的職場人就會巧用第三人來脫身，免除彼此的尷尬和為難。

我們在職場中常會遇到這樣的情況：主管叫你做一件事，你會馬上答應下來，即使這件事不該是你做的，或者是已經超過你的工作負荷量，但基於上司的壓力，或是出於其他的考量，你通常不會去拒絕。

但其實，你完全可以嘗試用第三人的理由來拒絕主管，又不至於讓主管感覺不好。

那麼，我們該如何運用第三人的理由來拒絕上司呢？

收買主管心·Tips·

私下時，真心推薦第三人

經常有時候你已經忙得焦頭爛額，主管還突然下達一個命令，讓你做一個新工作，但你手上也許已經有不少很趕的事要做。此時，如果你當面拒絕主管，就會讓主管感覺不好。所以，你不妨替對方考慮一下他的退路或是補救措施，讓他不至於開天窗。

例如，這時候你可以說：「真的很抱歉，我實在騰不出時間來。不過小劉是這方面的高手，做事又仔細，也許這次她比我更適合您分派的工作。」你向主管推薦了一個當下有實力完成這個企劃案的同事，讓主管在心裡上多多少少獲得了補償，也減輕了遭拒絕而產生的不滿。

但要注意，千萬別在第三人面前這麼誠摯的「推薦」，這會讓第三人覺得被多加了工作而感覺不好。

當我們真的心有餘而力不足時，不妨採取這種方法來表現自己想幫忙的誠意。

有效！利用第三人幫你拒絕

在職場中，我們當然要對主管的命令服從，但是，如果是違背自己內心的事情，我們就要想辦法拒絕。如果你自己不好去拒絕時，不妨利用第三人幫你拒絕，如此，看似推卸責任的事，卻能讓人理解你的苦衷。

例如，你買了一個限量款的新包包，由於款式很獨特、設計時尚，你非常喜歡這個包包，上班背到辦公室之後，也受到同事們的連連稱讚。這時候，你的上司也知道了，她非常喜歡你的包包，並扼腕著自己沒有買到。

後來，她提議了要花雙倍的價錢買你的包包，但是在你看來，錢當然不是問題，你就是喜歡這個包包才漏夜排隊的。如果你直接拒絕，恐怕會讓主管很難堪。

此時，你可以試著這樣說：「您喜歡的東西，不要說賣，就算送給您也是可以的，但是，這個包包是我男朋友老早就去排隊才買到的，他會覺得我就這樣賣掉，一定會生氣的……」其實，這個包包只是你自己買的東西，而且男朋友也不會干涉你怎麼處理它，這只是你的藉口罷了。

但是，經你這麼一說，主管聽了，自然也就作罷了，也不至於會得罪她。

拖延！把時間往後推遲的拒絕

有時，你實在無法拒絕主管的請求，但是你可以採取拖延的方式。你可以說：「可以讓我再想想嗎？明天答覆您。」這樣，聰明的主管定會聽出你的為難，你還能贏得考慮的時間，又能讓對方認為你是在認真的考慮這個請求。

又如，上司的親戚開了一家傢俱行，販賣各種的組合式傢俱，而你最近剛好搬新家，需要購入新的傢俱，當主管將他的親戚介紹給你時，你不便拒絕。

當主管的親戚拿著各種傢俱的價目表給你看時，你又發現，比起別間傢俱行，這親戚的傢俱貴好多，但主管仍跟你說：「他們新開幕，請捧個人場，這老闆是我姐夫，我說你一定會買一些的。」當主管都把話都說到了這個地步了，如果你直接拒絕，不僅是不給這位親戚面子，更重要的

是，還丟了主管的面子。

但是說實在的，這個價目你實在無法接受。此時你不妨這樣說：「這些傢俱都蠻不錯的，設計很漂亮。不過，買傢俱這件事，不是我一個人可以決定的，我要回家問問我家人。如果有需要的話，我過幾天再跟您聯絡吧。」對方一聽這些話，就會知趣地明白，你不是很想購買這些東西。

用推遲的方法，不但可以向對方先說出「不」，而且還不傷對方的面子，能一次解決自己眼前騎虎難下的場面。如果對方日後又來詢問你的意思，那麼就可以順勢地用第三人來幫你拒絕了。

拒絕要迅速，一拖再拖事情不好辦

文瑩在一家美語教室當老師。有一次週六，上完了小學生的美語課，文瑩準備回家的時候，趙主任趁機拉住文瑩的手說：「文瑩，你真是漂亮的女孩……」，文瑩像被熱水燙到一樣地彈開，嚇了一跳說：「主任，你不要開這種玩笑。」，但趙主任卻說：「這不是玩笑，我是說真的，沒有哪一個女孩子讓我這麼著迷過。」

為了讓趙主任不要這樣糾纏自己，文瑩態度堅決地表明：「主任，你也是有家庭有小孩的人了，不要對女孩子說這種話，而且我對已婚男人也不感興趣。」，但趙主任又試圖拉文瑩的手說：「愛情和婚姻是兩回事。我們這一代人啊，只有婚姻，沒有愛情。」

但文瑩早聽很多人說過了，那些已婚男人騙年輕女孩，都喜歡從自己的婚姻裡找話題，不是說自己有一段不幸福的婚姻，就是說自己正活在水深火熱之中等等，以此來博取年輕女孩的同情，但自己才不會上這種當呢。

「不好意思，主任，不管是婚姻還是愛情，我一點都不感興趣。」文瑩毫不客氣地說。

說完，文瑩離開主任的辦公室。她一邊走一邊想，這件事應該

要迅速解決。想到這裡，她便直接打電話給趙主任說：「主任，您再找新老師吧，我要辭職。」

當文瑩離開辦公室之後，其實趙主任就非常後悔，現在接到這通電話，更是趕緊道歉：「真是對不起，我今天有些失態了，希望你可以不要計較啊……」，而文瑩只是冷冷地說：「您還是另請高明吧。我下個星期就不會來了。」

「很抱歉，我可以保證以後不會有這種事了，請你原諒我，你看孩子們都那麼喜歡你，說走就走對他們也不好。」，趙主任又說：「你確實是讓我著迷的，但是如果你沒那麼想，我也不會勉強。但是還是希望你能繼續留在我這裡工作。」

想到那些可愛的孩子，文瑩心裡還是有些不捨，她冷淡地說：「那我回去考慮考慮吧！」說完，文瑩就掛掉了電話。

文瑩一夜沒有睡好，她想來想去，覺得中年男性喜歡年輕女性也是正常的，趙主任只是拉了一下她的手。而且，現在工作不好找，畢竟主任給的薪水還是很好的，她也捨不得那群孩子。後來，她決定看情況，再教他們一段時間。

隔天，文瑩準時到了美語教室，趙主任看到文瑩，表情一開始有些不自然，但是漸漸地也就恢復平常了。從那之後，主任再也沒有騷擾過文瑩，文瑩也能安心地做著自己喜歡的工作了。

在職場上，主管總會提出要求，特別是對女性朋友來說，還要注意職場性騷擾這件事。假設不幸碰到了，一定要堅定自己的態度，還要堅決、迅速的拒絕，不要拖泥帶水，讓對方留下還有機會的誤會。

此外，拒絕工作時絕對不要含糊其辭地推託。主管要求你辦一件事，而你自知能力有限，做不到，但又不好意思直接回絕他。這時，很多下屬會先這樣說：「這件事有困難，恐怕我不能完全勝任。」、「我先看看怎麼樣，之後再答覆您。」像這種含糊其辭的話不會有太大的作用。

之後，他發現原來你在敷衍他，那麼他不僅會氣你耽誤了他的時間，還會認為你懦弱又欺騙了他。

所以，有些時候，真要拒絕時不要假意推託，一定要果斷、迅速地解決。例如，主管要求你做某件事或是參加某個聚餐時，但由於跟你的行程衝突，或是出於當時的情形不得不拒絕時，一定要儘早回覆，表示拒絕。

在職場中，主管交付的任務不能完成，或者你手上還有其他事情要做時，你就要盡可能迅速地、禮貌地做出拒絕的答覆。你應該果斷地說：「您可否交給其他人做呢？我這裡有一些東西要先送出去，我現在是分身乏術了。」迅速地回絕主管，可以讓他有時間另想辦法解決事情。

很多職場人會迫於主管的壓力，明明知道自己無法完成的事情，又不好意思直接拒絕，當主管分配下任務之後，就會一拖再拖，最後主管要東西時，才告訴對方自己沒能完成，那麼這不是比當時的直接拒絕，還讓他更生氣嗎？原本可以交給其他人做的東西，因為你的耽誤，最後不得不延期，這絕對是得不償失的處理方式。

那麼，當你面對主管請求，而你又確實無法處理時，該如何迅速地拒絕呢？

收買主管心·Tips·

真的忙不過來，請主管排序

在職場中，如果你是一位好好先生、好好小姐，對主管分配下的任務不懂得拒絕，最後導致自己累個半死還成效不彰，那麼你就可以在處理之前，先請主管排順序，這不僅給了主管面子，還可以有效拒絕主管的要求。

例如，你可以這樣對主管說：「現在我手上的事情很多，您都還急著要，我現在手上有兩個企劃案，四個小專案，我應該先做哪個比較好呢？」主管一聽就會明白，你做不過來也是理所當然的，他也就會分配給其他人或是適當地為你安排時間。

拒絕有禮貌、不要拖延

如果在職場中，由於你出色的表現而得到主管的賞識，所以凡事主管都希望你處理他會比較放心的話，但你卻又分身乏術，面對主管的眾多任務，你無法一一收下時，這時，你就需要採取迅速、果斷、又有禮貌的拒絕法。

例如，主管要求你參加下禮拜的談判會議，而你之前就已經接受了另一位主管的要求，要去外地出差，所以你無法參加下禮拜的會議，這時你就要迅速且有禮貌地拒絕，以留出時間，讓主管快點找別人代替。

你可以直接告訴他：「對不起，我下禮拜要去出差，經理在上禮拜就跟我說了，所以沒辦法出席您的會議了，請您諒解。」這樣一說，主管也就不會再勉為其難了。

告訴主管實情，就能迅速解決

如果是因為你的個人因素，不能順利完成主管分配下來的任務，那麼你就可以直接告訴主管實情，然後保證處理好自己的事之後，一定會把工作事務如常地處理好。

例如，你的太太要生小孩了，但此時主管卻剛好要送你到國外考察半年，你就可以直接告訴主管實情，讓主管選擇其他人前往。相信通情達理的上司，定不會勉強你的。

又如果，上司安排你到台北參加研習會議一個星期，剛好那一週你的父親要動個大手術，假設家裡沒有人可以照顧他的話，那麼你必得留下來陪伴他。像這種時候，你當然就需要告訴主管你的情況，這是誰都能理解的事情，不需要擔心是否會惹得上司不快，只要你與他能找到適當的人選替代你，能有別的方法解決，那麼這就是一件能夠順利落幕的事。當你在職場上碰到無法接受的任務時，如果你能及時回報、及時拒絕、及時解決，就能讓事件順利地結束，這會是最好的處理方式。

7-6 好的拒絕，先找一個合情合理的理由

浩志在這家公司工作了五年，跟主管相處得一向很融洽，但卻在上週五晚上發生了一段小插曲。

浩志有一個女朋友，長相甜美，個性好。浩志非常珍惜女朋友，上週六就是兩個人交往三週年的紀念日，浩志早早就為這特別的日子安排了行程，打算白天帶女朋友去她最喜歡的遊樂園，晚上去景觀餐廳吃燭光晚餐，想到這些安排，浩志就非常期待。

上週五的下午，浩志早就坐不住了，但是當離下班還有十五分鐘時，浩志在MSN上看到了經理敲他，浩志趕緊點開一看，是陳經理的訊息，原來明天有上海客戶要來談目前新案子的事，因此宣佈全體週六加班。頓時，浩志就像被潑了一盆冷水，冰涼還不知所措。

浩志當然不想錯過隔天的重要約會，再說，女朋友也無法接受，但是他又不能得罪主管。

他想了一會兒，心想憑著自己幾年來跟主管的交情，再加上自己幽默的個性，相信主管肯定會放他一馬的。於是，浩志又敲了陳經理說：「經理，我是公司出名的妻管嚴，這是火星人都知道的事情……如果不是為了這件事，我不敢跟您多說幾句廢話……明天是我們三週年的紀念日，餐廳也都訂好了，經理，我要是放了她鴿子，她可能會放我一輩子鴿子啊……」浩志發了訊息之後，等著主管回覆，一會兒，經理回了：「這個客戶很難約，他平常很忙的，而且他從上海過來一次也不容易啊。」

浩志不禁心頭一顫，但是又想到，公司裡不是只有他一個業務可以處理，其他人也完全可以搞定。於是，他還是沒有放棄，繼續說服主管：「您是我的主管，我必須聽您的話，而且年輕人應該以事業為重，不能陷於兒女情長之中，但是不知道您是否有聽過這樣一個故事……」

「古代有一位國王，他有一個非常棒的廚師，可以做出天下的美食。有一天，國王不經意地嘆氣說：『有你這樣的廚師真好啊！我現在除了人肉沒有吃過，天下的美食差不多都嚐盡了！』而說者無心，聽者有意。第二天，廚師給國王上了一碗肉羹，材料就是廚師自己的兒子，國王感動地封賞廚師。這時候，一位大臣對國王說：『大王，您一定要防著這個人，他可以殺了兒子來討好您，當然也會殺了您來滿足自己的欲望。』，但國王不聽勸阻，好景不長，廚師後來真的背叛國王，並殺了他自立為王。』

「我說這個故事是想讓您瞭解我的想法，如果因為您是我的上司，我就置自己最愛的人於不顧，那麼今後要是有利可圖，我也可能會置您於不顧；反之，我現在可以為了我最愛的人而敢於不聽您的話，那麼今後如果有可以給我更多好處的人要我背叛您的話，我也一定不會這樣做的，您說對嗎……而且，小李跟老張也可以替代我的部分，拜託您了，經理。」

看著浩志的訊息，陳經理陷入了沉思。而螢幕那頭的浩志成了熱鍋上的螞蟻，他心想，如果這招不靈，那麼真的就只能放女友鴿子了。

沒想到，兩分鐘之後，陳經理的訊息又彈了出來：「好，明天你不用加班了，我交代小李他們來處理，你去陪你的女朋友吧，記得向大家道謝一下，我會轉告他們你的狀況的。還有，代我替你女朋友問好啊，她真幸運，有你這麼好的男朋友。」

看到這句話時，浩志心底的大石頭總算是放下了。

在職場中，每一天都充滿了挑戰，適者生存，不適者淘汰，每一個職場人都要經常記得這句話。我們在生活中，充滿了親情、友情、愛情的問題，如果因為工作的關係，就將其統統犧牲、拋下，那是十分得不償失、沒有價值的事了。

而想要能在職場中保持你的生活平衡，你就要懂一些拒絕的技巧。當自己的私生活與工作相衝突到時，要找到一個恰當的理由，還給八小時之外的自己自由。當然，前提是你必須處理好自己的事情，也不耽誤大家的進度。

有些上司樂以主管自居，認為自己的命令就是「聖旨」。一般人都會顧及主管的權威，對主管唯唯諾諾，對他的任何指示都全盤答應，但是，這並不是聰明的職場人做的事情，我們不能因為別人而犧牲了自己的生活，但你也不能死板地拒絕主管，讓主管下不了臺。所以，我們就需要幫拒絕找到一個讓對方能接受的好理由。

以下這些「拒絕」的理由最常用、也最好用：

收買主管心 Tips

實話實說的拒絕主管

有時候，你真的需要赴一個重要的約會，或者是為了提升自己而參加一些課程、考試，但主管偏偏這時候要求你加班。當碰到這種情況時，你大可以實話實說，告訴主管這個約會和上課對你來說有多重要，通情達理的主管，不會為這點事而刁難你，多半會答應你的請求。

此外，如果連續的加班狀態讓你過度精疲力竭，你也可以大膽地跟主管說出來，讓主管理解你的身體狀況可能需要先休息，此時不適合再過度勞累了，那麼，主管一定也不願意你過度勉強自己的。

當你準備跳槽時的拒絕

當你因為你的出色表現而被其他公司挖角，或者是面試上了新公司時，因為新公司無論從哪方面來說都強於現在的公司，因此你決定辭職不幹，但卻碰到現任主管的極力挽留時，你該怎麼做呢？

此時此刻，你就要堅決地對現任主管說，為了自己能學習到更多，你不得不忍痛離開，辭掉現在的公司，非常感謝主管的照顧。那麼，主管就很難再找理由強留住你。

當你始終無法升職時的拒絕

經過多年的磨練之後，你已經從職場菜鳥變成了老鳥，也有了讓人刮目相看的業績表現。然而公司的職位有限，上司並沒有給你能晉升的職位，但他又不想失去你這個左右手，於是，他想方設法地留住你。但是你為了有更好的發展，當然會執意另尋出路。

此時，你不妨跟主管說，因為你思考過自己的人生價值，想在事業上得到更大的晉升和學習空間，因此拒絕他強留你的本意。但要記住，你的態度一定要堅決，你的感謝一定要誠懇。

永遠要記得，別在重要場合否定主管

信洋是一家公司生產部門的主管，他做事雷厲風行，喜歡有效率的工作方式。在多數時候，他都是個很受上司信任和器重的下屬，但有一件事卻讓他徹底地失去了上司的信任。

那是一個星期六，信洋所在的部門負責對生產機器進行維修，作為主要負責人，信洋事前就對這件事做了詳細的安排，例如哪些人負責維修，哪些人負責統計，以及在作業當中應該注意的事項，他都一一做了安排。

部門的員工在悶熱的工廠裡忙碌著，有條不紊地進行各項工作。但信洋的頂頭上司張副總不知道什麼時候突然過來了，看了看工廠的進度之後，就說：「停下來，都停下來！」，大家趕忙停了下來，面面相覷地不知所措。張副總接著說：「信洋你也是公司的老鳥了，這樣做不對，你們應該……」信洋聽完副總的話之後，卻說：「副總對不起，我們不能照您的意思做，您說的有很多不合理的地方，您不是專做生產部門的工作，可能不明白裡面有很多重要的步驟需要注意……」副總一聽，一下子就火大了：「我不懂？我是一步步做到副總的，你們要照我的方法去做！」，但信洋仍然據理力爭地說：「不行，這不能照您的方法做。」副總還沒聽完就氣得走了。信洋看著工廠裡的下屬說：「還是按原計劃做吧，不用管他。」

一旁的元德走過來悄悄地對信洋說：「我說你也太不客氣了？張副總畢竟是上司，你怎麼能這樣當眾拒絕他啊？你等著看吧，他肯定會找你麻煩的！」，信洋只得一臉無奈地看著元德。

之後，信洋依然像以前一樣忙碌，副總也沒有多說什麼，這件事就漸漸被淡忘了。只是每次的晉升和加薪總是沒有信洋的份，兩個人每次碰面，副總總是對信洋微微一笑，一副意味深長的樣子，信洋漸漸明白了，原來副總還惦記著上次那件事。

又過了一年，儘管信洋一樣認真工作，但他卻無法得到更好的福利，於是，他選擇了辭職。離開公司的那天，他想再跟張副總開誠佈公地說清楚，他問副總自己一直得不到晉升，是不是跟上次的事件有關。副總聽了，便笑著說：「沒有哪一個上司喜歡當面拒絕自己的員工，就算他多認真，他也直接破壞了上司在其他員工面前的威信，讓上司的顏面掃地。」信洋深深地鞠了個躬說：「謝謝您的提醒，受教了。」說完，便走出了副總的辦公室。

作為主管，他當然會看重下屬是不是給他面子？是不是尊重他？如果你當眾拒絕他，直接使他的顏面掃地，像這樣的下屬，又怎麼能得到他的提拔和信任呢？

當然，主管也不是萬能的，他也有失誤的時候，這時候你應該當眾隨聲附和一下，然後再找機會私下提出建議，這樣能讓雙方都有面子。我們說，一般主管的共同心理是對面子過分關注，他不會容許下屬輕易地踐踏它。不僅是現代，就算在歷史上，一些能人將士因為「當眾否定上司」而遭殺頭之禍的也不在少數。在現代職場中，一些不會看主管臉色行事的下屬也常常因為自己不當的行為，導致主管的公報私仇。

有些職場新鮮人會覺得，那些因為自己丟了面子而整自己部屬的主管度量都很狹小、心機很重。但其實，這種想法只要你換個角度就能理解，每個人都希望別人顧慮自己的面子，更何況是上司的等級，他當然也會希望下屬維護他的面子和權威。

那麼，你該如何在重要場合上處理上司失誤的這件事呢？

收買主管心·Tips·

給點暗示＞直接拒絕

「暗示」是人與人之間經常使用的一種「溝通」方式，暗示者出於自己的目的，採取隱晦、含蓄的語氣，巧妙地向對方傳達某種資訊，並藉此影響對方的心理，使其不自覺地接受你的意見，進而改變自己原先的想法，從而達到暗示者的目的。

在職場中，想在重要的場合上拒絕主管，又不傷及主管面子的話，便可以採用暗示的方式達到自己的目的。例如，對於主管在會議上向你提出的要求，在規定的時間之內你不能完成、或者你根本無法做到的話，那麼你可以在會議上向主管說：「我尊重您的安排，可是您看我最近蠟燭兩頭燒，只能向千手觀音借一臂之力了。」，那麼上司多半會再仔細考慮，將任務安排給其他人處理。

沉默拒絕＞直接拒絕

沉默的拒絕是人際來往中很特別的拒絕方法，面對主管過度無理的要求時，你可以保持沉默，以表示無聲的抗議，既能不起衝突，又能達到你拒絕的目的。

例如，主管新提出的企劃案，因為有太多不實際的規劃，讓你無法接受，這種時候你就可以表情堅定地沉默一陣子，眼睛盯著他，讓主管繼續說明他的構想，但你以沉默表示這是難以完成的企劃，有領悟力的主管必定能聯想到這企劃是否有些問題，因為他從你沉默和堅定的眼神當中就能得知。

私下拒絕＞當面拒絕

我們說，職場生涯順暢的下屬，多半是那些懂得跟主管相處的員工。面對主管的要求，他們從不會當眾拒絕，只會等到其他人都走時，才會告訴主管：「我覺得有些執行上的困難，這可能需要多想幾個替代方法。」等，然後說出自己的理由與面對到的困難，當然主管就會買他的帳，替他解決問題。

而懂得不當面否定上司的人，上司也會認為他是一個聰明的下屬，懂得維護主管的權威，如果他不提拔這樣的下屬，又難道要提拔事事反對他、不留情面的下屬嗎？

你是職場上的工作狂嗎？

你是一家上市公司的總經理，最近錄取了一位年輕貌美的私人助理，並且你有權規定私人助理的上班服裝，那麼你認為助理穿哪種穿著比較好呢？

A. 一律和其他職員穿著一樣的公司制服。
B. 保守的一般套裝，但長度需要過膝才顯得莊重。
C. 凸顯身材的窄裙，不但可以帶出去應酬，自己也覺得賞心悅目。
D. 不做要求，任其自由穿著。

選擇 A： 你是個公私分明的人，雖然談不上是個工作狂，但只要辦起公事，就不會將自己的私人感情帶入其中。而這種明顯不喜歡將私人情緒帶入工作的態度，也間接證明了你是工作狂型的人物。

選擇 B： 你表面上看起來給人一種懶懶散散的感覺，但事實上，一旦投入工作，你就是滿懷燃燒的熱情，總是一本正經而毫不馬虎。「認真」兩個字是你的基本工作態度，敷衍了事的做事方式在你的眼裡是極為痛恨與不齒的，可以說你是個完全的工作狂。

選擇 C： 你的靈活度很高，懂得利用聰明才智把工作打理得很好。而你的過人之處就在於，懂得在該努力的時候認真工作，在能偷懶的時候，也不放過休息的機會，因此你在工作時精神狀態會特

別好，也非常注重工作環境的氣氛，這使得你的工作成就與生活享受都能兼顧得到，是個厲害的人物。

選擇 D： 你是個憑感覺說話做事的人，如果遇到比較擅長或喜歡的策劃性工作，就會認真對待，一絲不苟；如果你的工作對你來說根本沒有吸引力，那麼你就會打馬虎眼來搪塞過去，草草了事。所以從這個角度上來看，你是不是工作狂，就得視你的興趣愛好與工作性質而定了。

Chapter 8

爭辯不如退一步，維護主管是維護自己

——說話要找臺階，面子留給上司

在職場裡，主管最看重的非面子莫屬，誰讓他丟了面子，誰就過不了好日子。我們的一言一語最容易給對方面子，但也最容易讓對方丟面子。職場人要學會主管不討厭的說話技巧，對主管有請求時，要能說上幾句幽默的話，但要會看場合開玩笑。如果我們平常說話時能多退一步，並在主管需要的時候替他擋子彈，不跟他搶功勞、爭面子，那麼，在為主管保住面子的同時，也能為你自己保住前途。

重要時刻，主動幫主管擋子彈

育瑛換工作之後，去了一家科技公司擔任經理秘書一職，她再適合不過這個工作了，她既機靈、手腳又勤快，常常能拉主管一把，使其從困境中解脫出來，因此一直很受上司的器重。

一天上午，育瑛跟同事田田從外面回來，剛進辦公室，陳主任就對著田田大罵：「你這個管檔案的是怎麼管的？現在趕快把上禮拜跟台北那家公司簽的合約書給我找出來！」見田田還想解釋，他的火氣更大了，不給她說話的餘地：「廢物！養你這種秘書有什麼用？還不趕快找出來！」

田田是家裡的千金，從小到大，什麼時候挨過這樣的罵？她含著淚水衝進了洗手間。育瑛在田田之前也負責過檔案管理，她一邊找檔案，一邊問陳主任：「主任，您先消消火，發生了什麼事？」

原來，在半小時之前，老總辦公室裡來電話，要陳主任這邊的人馬上把上禮拜和台北公司簽的幾份合約書送過去。但是當時辦公室裡只有陳主任一個人在，他平常是不管檔案文件這種小事的，所以找了一陣子都沒找到，因此老總在電話裡發飆：「你這個主任是怎麼當的？連個文件放在什麼地方都不知道，那你都在忙什麼？我看你是不想幹了吧！」被老總臭罵了一頓之後，主任這個氣一下子衝到腦門來，等到育瑛他們一回來，就全發洩在她們身上了。

育瑛很快地將那幾份文件都找了出來，但她並沒有直接給陳主任，而是自己送到老總那裡。

在老總的辦公室裡，育瑛把責任都攬在自己身上，她低著頭說：「總經理，對不起，這件事全是我的錯，責任不在陳主任，檔案都是我在整理的，主任他有很多重要的工作要做，是我沒有把文件放在顯眼的地方，所以，主任他才一時沒找到，您要生氣，就罵我吧。」總經理一聽，反倒氣消了：「算了，不管是誰的錯，現在找到了就好，你回去吧。」育瑛答謝老總之後就回去了。

回到辦公室後，陳主任對育瑛說：「妳做得很好，剛才總經理打電話給我，還說冤枉我了。真多虧有你啊！」育瑛聽了，笑著說：「我應該的，這是我分內的事情。」

不久，經陳主任推薦，育瑛被調去其他部門當了主管。

育瑛之所以能被主管賞識，在於她能在關鍵時刻拉主管一把，還替主管擋下了子彈。如果面對主管的發火時，她袖手旁觀，甚至無視，那麼主管說不定會把原本不是她的錯，強加在她身上也有可能。

秘書作為主管的左右手，應該隨時注意上司的工作需求，在對方需要幫助的時候，義不容辭地伸出援手。

因為主管的工作是多樣性的，每天要處理各種事情與人際關係，有時也會因為經驗和能力不足而面臨到尷尬的局面，或被他的上司批評，或與客戶發生爭執等……當面對到各種情況時，他們也會有控制不住局面、需要別人幫助的時候。

此時，作為下屬，當看到主管遇到這種情況時，應該立刻助他一臂之力，儘快讓主管擺脫難堪的局面。

當職場人在幫上司擋子彈時，也要特別注意以下幾點：

收買主管心 Tips

給主管臺階下，不動聲色再加點料

面對主管的尷尬時，作為下屬，幫主管搭「臺階」時要不動聲色，訴求能讓主管體面地「下臺階」，又不能讓旁人察覺出來，這才是最好的「幫助」。

如果你能在幫他搭「臺階」的時候，適時地加點料，為顧全他的面子說一些輔助的話，那就再好不過了，這會使主管在感激你的同時，對你的處事能力有進一步的肯定。

擋子彈＝把錯誤攬在自己身上

由於主管自己的疏忽，他被上級主管責怪，作為下屬，這時候可以試著將錯誤攬在自己身上。例如，由於主管的疏忽，他遺失了重要文件，而上級主管正怪罪你的主管時，如果可以，你可以直接告訴上級主管，表示是自己的錯誤，讓上級主管把矛頭指向你。

這樣做，主管會非常意外，也會感激你伸出的援手，當然就會增加對

你的好感了。若上級主管看到你們的上下關係如此融洽，在責備之後，相信也會網開一面的。

有時，幽默適合拿來當「臺階」

幽默是職場中的潤滑劑，一句幽默的話語能讓雙方在歡笑中相互諒解，盡釋前嫌，這也是最輕鬆的「臺階」了。

例如，當會議時，由於你的主管買了新手機，對新功能還不是很瞭解，所以將靜音設成了正常模式。當董事長在說話時，主管的手機卻響了，讓他本人非常尷尬，董事長的表情也十分不快。

像這種時候，你就可以開玩笑地說：「這應該是山寨手機啦，你看它這麼不會看時機。」像這樣子，大家在哈哈大笑之中，就能緩解了整個會議氣氛，而你也適時地為主管解除了尷尬場面。

建議非指導，用商量的語氣提意見

A公司的業務部經理最近換人了，人家都說新官上任三把火，這位新來的李經理也不例外。這天下午，李經理召開上任以來的第一次會議。在會議上，李經理很誠懇地要求大家以後多向自己提出「建議」。當時，因為大家都還不太熟，所以沒有說話。

過了一個月，李經理又開了第二次會議。這次會議上，李經理又請大家提一些「建議」，態度比第一次會議時又更誠懇了。

俗話也說「初生之犢不怕虎」，才剛畢業、到職不到三個月的慧雯見李經理如此誠懇，便站了起來，針對李經理最近的工作安排提出了一些建議，而她的參考對象是上一位離職的韓經理。慧雯在李經理面前大談韓經理的做法，覺得他應該吸收經驗，向前一位經理多學習才對。這些話說得李經理的臉一陣紅一陣白的，但他仍然大方的說：「說的好，我以後多多學習。」

之後，慧雯總不放過每一次發表意見的機會，除了工作上的建議，她還對李經理的個人言行舉止，提出了不少意見，李經理每次都大方地表示讚許。

慧雯想，過不了多久，自己肯定能「升官」，她不禁為自己的勇於直諫，且能得到李經理的讚許感到得意。但是事與願違，幾個月之後，慧雯卻被調走了，再也沒有機會向李經理提出建議了。

而杉平的做法卻跟慧雯大不相同，畢竟他比慧雯在職場上多混了幾年。雖然杉平對這位李經理的一些做法也頗不能理解，但他明白應該用什麼樣的方式去提意見。當慧雯向經理提出意見時，杉平則默不作聲地聽著，等到他發言時，他卻用這樣的語氣：「經理，您看等這進度完成了，再寫報告行嗎？」、「經理，如果我們把這件事提前，會不會更好呢？」等，這些建議讓李經理從商量的語氣當中感受到杉平對他的尊重。如此一來，經理對杉平提的意見就能坦然地接受了。幾個月後，因為李經理的推薦，杉平被外派到國外受訓了。

作為主管，他的權威當然不可忽視，如果你直接對他提出建議，無異於是否定他的看法，那上司一定是不容易接受的。古今中外，那些「勇於納諫」的明君畢竟是少數，有多少人因為直諫，不但丟官送爵，最後連腦袋都丟了。如果你想提醒主管，提出一些建議給他，就要像杉平一樣，用「商量」的語氣說出自己的看法，這樣，主管就會覺得你並不是否定他的建議，只是做了適時的補充。

主管都喜歡積極主動的下屬，但卻不喜歡事事顯得比自己高明的下屬。作為職場人，在工作的過程中，如果需要向主管提出建議，就一定要注意說話方式、說話技巧，千萬不要傻傻地就直說出自己的建議。你要用的是商量的語氣，這會讓主管覺得即使你是在提出自己的意見，但仍然沒忘記尊重他的意思。

那麼，聰明的職場人都如何用商量的語氣向主管提出意見呢？

收買主管心·Tips·

最簡單：用詢問的方式建議他

當你想對主管提出意見的時候，要儘量採用詢問的語氣，千萬不要直說出自己的觀點，讓主管一時難以接受。

例如，可以用杉平那樣的句型來詢問，像是：「王總，您看這個做法是否可行？」、「我們如果換個角度來考慮這個問題的話，您看這樣可以嗎？」、「這樣做，您會不會覺得有點不妥呢？」等，用商量、詢問的語氣，將自己的建議不露痕跡地灌輸到上司的想法中，對方就不會產生排斥心理，也能夠重新思考問題，有進一步接受你的建議的可能。

最快速：讓主管挑選可行的建議

向主管提出意見時，可以的話，就在事前多準備幾種可行的方法供他選擇，而不只是提出一個方法就要他決定。並且，可將每種方法都一一列出它的優缺點。

當主管在審閱企劃案時，無形中就能將各種方法的好壞一一判別出來，並能決定出最後的實行方案，或者是再做修改後實行，這會是你最快速的解決方法。

最貼心：從主管的立場上提出建議

向主管提建議時，不僅要站在全局的利益上來考慮問題，還要站在主管的角度上思考問題。有時候，由於你的想法不夠週到，也許你認為正確的判斷，主管卻不一定就認為適合現在的時機，所以你的建議也會成了空談。

在向主管陳述自己的建議時，還要注意措詞，畢竟不是要讓主管覺得你是在強加自己的想法給他。如果這個建議對公司的發展有利，那麼主管不會不採納的。如果你提意見的方式不對，讓主管覺得不愉快，那麼，建議再好，對方也不會同意。

最客氣：用請教的方式提出建議

在公司開會時，如果下屬直接提出反對的意見，多半會讓主管很難堪。試想，如果自己的下屬在面前侃侃而談對某件案子的狀況優劣，多半會讓主管很沒面子，因而產生反感，認為這個下屬是一個喜歡在主管面前誇誇其談的人。

因此，在向主管提出建議時，可以採用請教的方式，例如這樣說：「您覺得我這個企劃案還有哪裡需要修改嗎？」、「您可以指點我這次企劃案的方向嗎？」、「關於您剛才說的這幾點，我有一些疑問，可以請教您一下嗎？」等，這樣說不僅能顧全主管的面子，而且還能讓主管產生優越感，他當然也就會認真考慮你的建議了。

留心留意，聽出主管話中的弦外之音

麗莉大學學的是建築、室內設計相關科系，畢業之後，她有幸被一家有名的室內設計公司錄用，薪水和公司環境都是麗莉滿意的那種類型。不但如此，她還自認碰到了一位好主管。

轉眼間，麗莉來公司也有半年的時間了，她經常告訴自己的朋友們，她的主管有多善解人意，有多體貼員工，對她的設計從來不挑剔，她覺得自己幸運到家了。

的確如麗莉所描述的，她的上司每次看到她，都是一臉的燦爛笑容。麗莉的每一個設計案，主管看了都會笑咪咪地說：「不錯不錯，做得很好嘛。」而沒有什麼工作經驗的麗莉，聽到主管這麼一稱讚，更是眉飛色舞。她不停地跟同學們在MSN上興奮地談論著：「我們主管對我的表現太滿意了，總是稱讚我，過不了多久，我可能就會加薪了。到時候，我請你們吃飯。」

麗莉的朋友之中，有一位是她的學姐，大她兩屆，工作也將近三年的時間了，社會經驗和職場經驗明顯比麗莉多，她擔心地對麗莉說：「麗莉啊，你不要太把主管的話當真了，你要學會聽出他的弦外之音，不要只聽他說好就覺得沒事了。」麗莉聽了，不以為然地回答：「喔，知道了。」但她只是口頭上說說而已，一點也沒有放在心上，她甚至覺得學姐是嫉妒她的幸運。

幾天之後，麗莉和同組的珊珊同做一個設計案。做完之後，她們簡報給主管看時，上司仍然是微笑地點頭，連聲說好。麗莉馬上笑顏逐開，認為她們的設計肯定無可挑剔了。

然而，她卻聽到珊珊以很誠懇的語氣說：「請您多給我們一些建議，我們很想知道還有哪裡可以再改進的。」聽到珊珊的問話，主管像是換了個人似的嚴肅地點了點頭，然後一連點出了幾個矛盾點，那些都是實際製作成型時可能會出現問題的地方。聽完主管的指點，麗莉的笑容僵了，變成一臉的詫異。

麗莉不知道，「很好」、「不錯」也許都還有背後的意思。而上司真正的想法或建議，是需要你繼續追問之後，對方才會肯賜予你的。

在職場中，聽主管說話，不僅要聽懂字面上的意思，還要會抓他話中的弦外之音。這是「傾聽」的最高境界，也是傾聽之中最不容易做到的。職場閱歷較少的人，很少聽得出主管的弦外之音，因此，也不斷地錯過了升遷的好時機。

有時候，主管也會說一些言不由衷的場面話。例如，為了讓你有更大的進步，主管會說一些好聽的話鼓勵你，不傷害你的自尊心，勉勵你更向上；主管如果對你有所保留，也許是擔心你的成長會對他不利，因此有可能會說一些違背事實的話。如果你聽不懂主管的弦外之音，那麼你的職場生涯也許會走的不是那麼順利。

對於主管的話，如果我們看似認真在聽，卻只能聽到表面之意，而忽略了其「弦外之音」，那是絕對不夠的。

那麼，職場人該如何才能傾聽出主管的弦外之音呢？

收買主管心·Tips·

試著揣摩主管的意思

在工作時，主管向你交代一些事情卻不便直接了當地告訴你時，這種時候，你就要揣摩他的真實想法，領會主管沒說的弦外之音，讀懂他的話，這是職場人最應該掌握住的技巧。

有時主管會直言不諱地說某個人死腦筋，一點也不靈活，有時也會說某個人反應快，一點就通。由此可知，不善於揣摩和善於領會的人，在主管心中的印象截然不同。

主管對下屬交代的事情，不會每次都以率直的話表達出來，雖然有時嘴上這樣說，但是心裡卻想著下屬其實可以那樣做。上司會因為礙於顏面，而用委婉暗示或其他較隱晦的方式，將自己的要求說出來。

此時，如果你只聽主管的字面意思，就會錯過他的真實想法，到頭來，主管不會說自己表達得不好，他只會說你聽不懂話。所以，做一個聰明的下屬，就要善於揣摩主管內心真正的意思。

傾聽主管的談話，要留心

主管不同於一般員工，大多都很繁忙，涉及的工作種類也比較多，而且他又在「多人之上」，所以，一般員工見到主管的次數就會比較少，也因此，主管的弦外之音就顯得格外重要。而他的弦外之音往往會涉及到員工的加薪、升職等下屬比較關心和在意的事情。

主管在與員工談話時，為了瞭解下屬的實際工作情況，以備作為參考的話，往往會採用試探、暗示、提問的方式來瞭解。所以，傾聽上司的談話時一定要留心，不要被表象所迷惑，你的不經意回答，都有可能影響自己下一步的任務，以及加薪、升職的情況。

留意主管的語氣或動作的突然改變

有時候，當你在聽主管談話時，也許本來主管的說話速度正常，跟平常沒有什麼差別。但是，突然他的語速加快，或者說話似乎有所隱晦時，這種時候，你就要特別留意他的話中話。

在聽主管說話時，你需要做到邊觀察邊傾聽，以便及時猜測他的弦外之音，並巧妙地回應。那麼，你就能在工作上更加地得心應手。

留意主管提到的一些特殊事件

有時候，主管礙於面子，在向你發出邀請時也不會直接說出口，而由你自己去體會。例如，主管問你：「小張，這週末有空嗎？你喜歡打籃球嗎？」，不懂得聽「弦外之音」的下屬就會老實地說：「我沒時間，也不喜歡籃球。」當你說出這句話時，你也間接地失去了主管對你的賞識機會。

其實，主管的意思很簡單，不是想讓你週末陪他去打球，就是去看場籃球賽。又如，主管告訴你：「我最近看了管理大師彼得杜拉克的書，他的觀點真是非常了得。」不明就理的人會認為主管只是隨口說說而已，但其實，主管可能的真實意思是，想讓你也去研究一下彼得杜拉克的書，以增進你工作上的實際應用能力。

像這種時候，如果能聽懂、讀懂主管的「弦外之音」，你就可以更好地融入主管的世界，得到他的賞識。

看準時機，在傾聽中插話的技巧

宏彬的貿易公司剛成立不久，生意還不是很穩定，所以，每一個客戶都顯得特別珍貴。他手下目前只有三名員工，由於他們四個人都曾經在同一間公司工作過，彼此也曾是同事關係。雖然，現在宏彬成了他們的主管，但和以前一樣，彼此之間沒有特別的上下關係的感覺。

這天，宏彬和幾個客戶在辦公室裡談生意，談得差不多的時候，他的一個下屬小張進來了。小張平時就是大剌剌的個性，他以為這幾個客戶是來找宏彬閒聊的朋友，於是他沒多問，就開始插話：「哇，我剛才坐捷運的時候，看見一個老太太和一個年輕人因為博愛座大吵一架，那年輕人一點都沒有要客氣的意思……」宏彬使了一個眼色給他，示意他不要說了，但小張卻沒發現。

宏彬趕緊打斷他的話，對客戶說：「這是我們公司的小張，個性大剌剌的，但很好相處。小張，這是A公司的經理孫先生，你們認識一下吧。」小張突然覺得很尷尬，便連忙說：「孫先生您好，幸會、幸會。」說完，便藉口去洗手間，快速地離開了辦公室。

「剛才說到哪裡了？」幾個人想繼續剛才的話題。但是剛出去的小張覺得好像挺失禮的，便又回來想向他們道歉。於是再次走進宏彬的辦公室，左一個「對不起」，右一個「對不起」，然後又開始想解釋自己剛才失禮的原因，讓宏彬和客戶不厭其煩。客戶見談生意的事被打亂，就對宏彬說：「那麼今天先談到這裡吧，細節等我們考慮好了再談。」客戶說完就離開了。

不久，宏彬再次詢問這幾位客戶的答案時，人家已經把訂單給了別家公司。使自己原本不穩定的公司，更是雪上加霜。如果那天沒有小張過來插話的話，宏彬可能一鼓作氣，就做成一筆生意了。

這件事之後，宏彬很長一段時間都不想理會小張，小張也覺得自己的行為有欠妥當，往後在公司便收斂多了。

隨便打斷主管說話，特別是主管與客戶交談時，這不僅有失禮節，而且往往在不經意間就會破壞了公司的正事。想要讓主管對你有好印象，就萬萬不可在他說話時你隨便插嘴。

每個人都有一時想表達自己內心想法的衝動，當你看到主管正在和其他同事聊天時，正巧你路過，聽到了他們的談話內容，並且他們談的內容正是你感興趣的話題，所以，你毫不猶豫地就插話了。這樣，你就沒有顧及到他們的感受，不分場合與時機就隨便插嘴搶話，不僅擾亂了他們的談話內容，還影響了他們的談話興致，甚至，還可能產生不必要的誤會。

更糟糕的是，如果他們正在開會，正因為找不到一個合適的解決方法而集體在腦力激盪中，突然因為你的加入而被徹底打亂了氣氛，此時，無

疑你就是殺風景的罪魁禍首。

但是，其實也並不是每次插話都是有害無利的，插話也是一門學問，只有懂得插話的技巧，才能發揮好的效果。

那麼，職場人可以插話的時機是什麼時候呢？

收買主管心·Tips·

當主管的話題無趣時，你可以插話

當然，上司的話題並不是每次都能讓人覺得有趣或是有意義，他自己也知道這點。作為下屬，當主管覺得自己的主題也許很無聊，而顯露出沒精神的神情時，你可以插入一兩句話，為主管的場子敲邊鼓，讓他知道你在認真聽，且對他所說的話題有興趣。

例如，你可以適時地插入：「真的啊，那後來呢？」、「您能再多說那件事嗎？我想知道。」、「這是真的嗎？很有意思耶。」一旦你傳達出一種「我願意聽你說話」的意思之後，更能引起上司的談話興趣。

當主管情緒失控時，你要插話

當主管說起某件事，因為投入了過多自己的情感，甚至無法控制自己的情緒時，這種時候，你當然可以用幾句話來安慰他。

例如，「您一定覺得很不公平吧？」、「您心裡一定不好受吧？」、「您看起來心情很不好。」當你說這些話時，主管可能就會順勢地發洩一番。而你說這些話的目的，就是要將對方心中鬱結的那一股情緒「誘導」出來，等對方發洩一番之後，就會覺得輕鬆、解脫了，那麼這就是一次很好的交流經驗。

想插話，也要會看時機插話

每個人都喜歡別人從頭到尾安靜地聽自己講話，以顯現出自己的重要，尤其是上司特別喜歡這樣。所以，當你與主管交談時，一定要認真傾聽主管所講的話題，等到對方說完以後，再開始你的話題。即便你沒有聽懂主管的話，也不要中途插一句，「剛才您說什麼？」、「您說到哪裡了？」、「請再說一遍。」等這類沒認真聽的問話，這只會打亂他的思緒。

想插話，也要學會看對時機插話，如果你真的沒聽懂主管說什麼，也要等他把話說完，你再說：「抱歉，剛才中間有一兩句您說的是……嗎？」這樣，既能表現你對主管的尊重，又能表現出你的涵養。

此外，有時候主管的觀點你並不認同，或者是對方對你發牢騷，你也一樣要耐心地聽對方把話說完，這樣做就能消除對方的負面情緒，使他意識到你對他談話內容的興趣。

適時插話能有良好的效果，但你要等主管將他的意思說完、話音落定之後再插話。不要話都還沒說完時就插話，直接打斷對方說話，這樣子很不禮貌，會讓他覺得不舒服，與其如此，不如見機行事的好。

要看場合，別和主管開玩笑不當回事

老陳是李局長的司機，跟著局長也有些年頭了，由於老陳勤快聰明，辦事俐落，因此深得李局長的歡心。但是不知為什麼，前幾天，李局長突然要辦公室主任把老陳給換了，老陳非常不能理解，心情很差，過了一段時間，老陳實在忍不住，跑去秘書雪莉那裡打聽局長換他的真正理由。

雪莉很誠懇地說：「老陳，你沒有別的毛病，壞就壞在你這張嘴上。」老陳很詫異，趕緊問：「我嘴怎麼了？」雪莉說：「你啊，說了不該說的話。」老陳更不明白了。

雪莉便說：「你還記得上次出差的事嗎？你開車，我坐在副駕駛座上，局長坐在後面。」，老陳說：「記得啊，不就是上個月的事嗎？」雪莉又說：「對啊，那天局長上車之後，很快就開始打呼。我跟你笑了一下，說了句：『啊，瞌睡蟲來得真快！』那時你順口搭了腔：『哈哈，睡得跟豬一樣。』，我們都以為只是一句玩笑話，又是在局長睡著的時候說的，應該無傷大雅。但沒想到局長他雖然打呼打成這樣，耳朵卻很靈光，把你說的話聽得很清楚。」，老陳驚訝地說：「什麼？就這點事，也太小題大作了吧！」

雪莉接著又說：「還不止這件事呢。」，疑惑的老陳問：「還有什麼？」雪莉回答：「你還記得水利局那個章科長，我們局長的好朋友嗎？」，老陳回答：「記得啊，他不是常來找局長嗎？」，雪莉又說：「對啊，上次科長過來找他，正巧需要局長幫他簽字，局長簽完了，科長一直稱讚局長的字寫得好。這時候，正好你走進來問下午有什麼安排，你不是聽到他們的稱讚聲之後，笑著說：『能不好看嗎？我們老大已經練了四五十年了呢。他有幾歲就寫了幾年啊，怎會不好看？』你說完這話時，他們的表情都變得很尷尬不是嗎？」

老陳恍然大悟地說：「怪不得那段時間局長看到我都沒有好臉色，原來是為了這件事啊！但是，我只不過是開個玩笑而已。」，雪莉嘆了口氣說：「在你看來是開玩笑，但是局長他可不這麼想，你讓他在其他人面前都丟了臉，他當時忍住沒罵你已經不錯了。」，於是老陳點點頭說道：「看來，連跟他們開玩笑都要小心再三啊……」說完，自己默默就離開了。

要不是雪莉告訴老陳實情，想必老陳想破頭也不會想到，正是自己的幾句玩笑話弄慘了自己。也許有人會說，這個李局長也太小題大作了，但其實不然，一個成天在自己身邊的人，如果經常開一些沒輕重的玩笑，勢必會讓自己這個主管感覺不好，這又何必呢？

透過這件事，我們能學到一課，那就是不管你跟主管的關係有多親近，感情有多好，無論什麼時候你都要保持一定的恭敬態度，千萬不要得意忘形，忘了雙方的身分就大說特說。否則，後果可能難以想像。

在日常的工作中，跟主管開玩笑，的確可以拉近與主管之間的距離，融洽彼此的關係。但一定要把握好自己的尺度，不能太過分，更不能沒輕沒重，否則就會因為玩笑開得不洽當，使自己陷於被動之中，甚至影響主管對自己的觀感。

那麼，在職場中開玩笑時，又該注意什麼呢？

收買主管心·Tips·

開玩笑，要看場合

在生活中，偶爾跟主管開開玩笑是正常的事情，但你一定要會看場合。

例如，主管正在和客戶談正事，這種時候，你就不能隨便插話開玩笑，以免引起不必要的誤會，或讓主管不滿；主管正在專心地公佈事情時，這時候也不應該去開玩笑，以免分散他的注意力，影響他的情緒；而在一些比較嚴肅、正式的場合當中，也要避免嬉笑打鬧，如此會擾亂現場的氣氛，惹人厭惡。

在說一些輕鬆的話、開玩笑之前，一定要看清楚你所在的場合，不要因沒有顧慮到場合，而引起上司的不悅。

開玩笑，要看主管的心情

每個人都會有情緒低落的時候，如果你發現主管似乎碰到一些煩惱或事件，而情緒顯得比較低落時，這時他需要的是安慰和幫助。如果你沒有顧慮到這些，還一味地跟主管開玩笑，想要討他歡心，那麼勢必很容易就會惹惱他。

又如果，你平常跟主管的關係普通，沒有特別好，他還會認為你這是落井下石和幸災樂禍的表現。所以，在開玩笑前，你一定要會看上司的臉色，不要當職場小白，自討沒趣。

笑點的內容也要有格調

在職場中，稍不留神，自己的形象就會毀於一旦。

因此，我們說，說話的內容最能顯示出一個人的內在涵養，最能直接反映出別人對你的看法。在與主管、同事的談話當中，一定要注意，開玩笑的主題一定要有品。

例如，主管才三十歲就禿頭了，而你卻故意揭他的「瘡疤」，用他的禿頭當笑點，那麼勢必會讓主管難堪；或是拿男女關係、庸俗、無聊，甚至下流的題材當作笑點；或是把小道消息以假亂真，作為茶餘飯後的笑話等，像這種沒格調的低級笑話，沒什麼內容的笑點，是不應該說的，還會受到主管和同事的厭惡。

所以，如果你的玩笑很沒格調的話，那麼不如不說，對你的印象還能比較好。

開玩笑，一定要因人而異

在職場中，那麼多的上司，個性當然都不盡相同。有的人活潑開朗，

有的人沉鬱寡言，有的人豁達大度，有的人則小心多疑，當你面對不同個性的主管時，說話也要做到因人而異。

也許你開同樣的玩笑，有的主管可以接受，有的主管就無法接受；有的男主管可以接受，而女主管就無法接受了；有的對中年主管可以說，對年長的主管就不適合說。

只有注意到每個人的個性和承受力，才不會傷害到上司的自尊，不會影響到你與主管的感情。否則，有時原本很愉快的閒聊，卻因為你的一句不得體的玩笑，而毀了整個現場的氣氛。

表達反駁，但主管不討厭的說話技巧

Case Show

小賀是一個很稱職的總經理助理，他不光深受主管的信任和喜愛，就連公司的同事都認為他做得很好。平時小賀也因自己能為其他同事排憂解難而覺得高興。

許總經理是技術出身的，從年輕時，一直到現在自己創辦公司，因為他是做研究開發的，所以對企業管理一知半解。而許總經理總喜歡直接插手公司技術部的事，將整個技術部門的管理體系弄得亂七八糟，技術部門的員工們個個怨聲載道，敢怒不敢言。

小賀也很瞭解技術部門員工的心情，但面對權威的主管，他要是直接反駁，那不是作下屬的應有作為；但如果不提醒主管管理的問題，那整個公司的安寧不可保。出於對公司全局利益的考量，小賀決定試一試。

經過幾天的思考之後，小賀決定好好與許總經理談一談自己的想法。於是，他選擇了許總經理心情超好的一天，先把許總經理大大地恭維了一番之後，再向他提出建言。他對許總經理說，真正的主管權威有技術權威和管理權威兩種層面，而許總的技術權威很專業，已經不需要證明，大家都很佩服。

許總經理是個聰明的人，他聽完之後，就懂了小賀跟自己談話的目的了。於是，他拍著小賀的肩膀說：「小伙子，謝謝提醒，年輕人，有作為。」後來，許總經理果然把時間用在人事、行銷、財務的學習上，因為他覺得自己已經無須再插手技術上的事情了，反正自己也已經證明了自己在這方面的強勢，那麼，就應該在其他方面多學習一下了。

就這樣，公司的不穩定因素得到控制，公司的營運進入了快速發展階段，同事們都對小賀的做法大加讚賞。

小賀的做法，很值得我們職場人學習。面對主管對管理一知半解，卻仍然要管理技術部門時，小賀沒有採用激烈的態度勸說，而是選擇在合適的時機與主管面談，提醒主管管理的重要性。現代企業的主管，需要技術和管理雙重在身，不能失衡。

在職場中，時常會發生這樣的情況：面對主管決策的失誤，作為下屬，會出現出不同的應對態勢。有的下屬會完全支持主管的任何決定，接受主管的每一個安排，這種「忍」者看來較安全，但並不能解決問題；有的下屬，懂得以全局利益作為出發點，想反駁主管決策的失誤，這時，怎麼說話就成了成敗的關鍵。

那麼，在職場中，下屬該怎麼運用反駁、卻能讓主管喜歡的說話技巧呢？

收買主管心·Tips·

談問題時，態度一定要積極

跟主管談問題，首先態度要積極，並且記住自己是去說服主管，而不是去找主管吵架的。只有你的態度積極，而且不辱沒上司的權威，他才會認真考慮你所說的問題。如果你一開口就帶著火藥味，不要說是主管，一般同事也會難以接受，到最後，你不但沒能說服主管，還會給主管留下很差的印象，讓他從此失去對你的好感。

談問題時，一定要在合適的時機

主管通常都很忙，如果你想要認真地與主管談談，一定不要選擇主管太忙的時間去找他。哪怕你再有理由，也要事先跟他約個時間，讓他有些心理準備。

另外，最好選擇主管心情好的時候去找他，他會把好心情帶到和你的談話之中。如果他心情好，即使你談的內容多麼令他難以接受，他也不至於把你趕走。

提出否定意見，語氣一定要委婉

在職場中，當主管做出的決定不利於公司的發展，作為下屬，想提出否定意見時，說話語氣一定要委婉：「您的要求由於某種原因，我們暫時還做不到……」、「我在這方面的能力有限，張哥做得比我更好」、「A公司的這項業務最後慘敗收場，我們現在再做這個計畫，似乎需要多想一下……」等。說完這些反駁的內容之後，最後再強調一下自己積極的態度以作為對主管的「安撫」：「不過請您放心，相信在不久之後，我肯定能勝任這任務。」這樣說完，讓主管明白你確實有困難，不是故意推辭。

用可行的企劃案，取代主管的企劃案

當主管提出某個決策時，你認為不可行，你就要多從正面闡述自己的觀點，儘量少從反面否定和反駁主管的意見。這樣不會讓主管尷尬，他也比較容易接受你的觀點。

例如，根據業務的發展情況，你所在的部門需要再徵一名新業務員作為你的助手。主管想從其他部門為你調來一名「門外漢」來擔當此任，而你卻想提拔一位業務能力強，經驗豐富的下屬擔任此職。這時，如果你直接反駁主管的安排，勢必引起主管的不滿。

在這種情況下，你應該將話題多放在助理應具備的條件與你所提拔的人選他已具備的條件之上。這樣既可以保留主管的顏面，又能把話題留在自己所中意的人選上。如此不動聲色地反駁，讓主管更容易接受。

讓請求輕鬆，主管開心好辦事

立新在一家知名的外商工作，他的工作能力強，做事又認真，因此在短時間內有非常好的表現。例如，他連續幾次向上司提出合理的建議，使得公司的生產成本下降。洋老闆傑森非常高興，拍著立新的肩膀說：「年輕人，好樣的，你會得到應得的好事。」

傑森的話對立新來說，意義很重大，他很期待自己能夠升職加薪，但又擔心老闆可能說說卻不當一回事，等事情過去了，也就過去了。立新當然不想要這些不確定的口頭約定，他想要一點實在的東西，但又不好意思直說。

於是，想了想，他便對著老闆輕鬆一笑，然後說：「我想你會把這句話放到我的薪水袋裡吧？」傑森一聽，大笑出聲，便爽快應道：「當然，你會喜歡的。」

不久之後，立新就得到了一個特別獎金和加薪鼓勵。立新用一句幽默卻不失禮的話，讓洋老闆笑開懷的同時，也達到了自己的要求。

立新是聰明的，他懂得用幽默的方式，請求主管給他好處。上司在輕鬆的語調當中，也同意了他的要求。

試想，如果在主管說出對立新的讚賞之後，立新是坐下來認真又嚴肅地提出加薪的要求，並條列出必須加薪的理由，那麼主管可能會認為立新太過現實，討價還價，最後得到的結果可能就不一定這麼美好了。

在職場中，當下屬向主管提出請求時，如果能運用較輕鬆幽默的說話，那麼往往能讓主管產生情緒上的好感，當他一高興，你的請求也就不在話下了。

因此，在向主管提出要求時，最好能把莊重、嚴肅的請求，轉化成輕鬆幽默的形式說出來，這樣主管才可能更能接受。

那麼，職場人該如何運用幽默的說法向上司提出請求呢？

收買主管心·Tips·

想要輕鬆幽默，不要覺得丟臉

幽默也需要一種「敬業」的態度，如果你覺得不好意思，覺得丟臉，就算你的話題夠幽默，從你嘴裡說出來也變了味，會顯得十分不自然。如此，反而弄巧成拙，會給別人一種排斥感。

所以，在向主管請求時，想要點幽默，就一定要說話自然，勇於放下你的「矜持」，這樣對方聽了才會覺得有意思，被你吸引。

不要因為怕主管拒絕，就事先在心裡形成一股壓力，導致說話時，幽默的話反倒成了尷尬的辭彙，最後弄巧成拙，你的目的也就無法達到了。

談笑要精練，請求要有度

談天說笑也並不是越多越好、越幽默越好，而是要運用得恰到好處，這樣才能自然、有趣。

當你想用輕鬆的語氣向主管請求時，一定要掌握好分寸，幽默的話不要冗長，要精練而不囉唆，簡約又得體。太多的瑣詞碎語會影響聽者的理解效果，讓幽默效果大打折扣。

而在向主管提要求時，也要注意輕鬆幽默不是萬能的，能否順利要看你的要求是否合理、是否有分寸，不要以為你跟主管感情好，幾句輕鬆的話，就能達成無所顧及的要求。

如果你在向主管提出要求時，獅子大開口，沒有限度，即便這種時候你用多輕鬆的說法，也不足以使主管答應。

我們說任何事情都要有限度，提要求更是。

學會用流行語達到幽默的效果

在現在網路媒體的發達之下，流行語、網路用語，各種新奇的「新詞」充斥在我們的生活當中。例如，「淡定」、「OO哥」、「踹共」、「hold住」等這些活潑的用語，如果在向主管聊天時加以運用，勢必能得到主管的會心一笑，你們的對話也不會那麼生硬和難以溝通了。

例如：「趙總，在這個什麼都要錢的社會裡，現在的成本已經快hold不住了，怎麼能淡定啊。」趙總聽完一笑，隨即明白，你在提出關於成本要上漲的要求，但又沒有生硬地直說，他還是能明白你的意思的。

先摸清主管的工作風格和個人喜好

想用幽默向主管提要求時，一定要摸清楚主管的工作風格和個人喜

好，才不至於弄巧成拙。

幽默是把「雙刃劍」，用得好，皆大歡喜；用不好，適得其反。所以，在開口前，一定要先觀察清楚主管的工作風格和個人喜好。

例如，主管喜歡嚴肅的工作態度，你就不能任意妄為地說些輕浮的話，而應該要以同樣認真的態度對待他；主管喜歡學習新事物，你就可以多說幾個近期新聞媒體裡的笑話，但要記住，不能有貶損之意。如此，順著毛摸，你的要求也就自然能達成了。

打招呼透露出你的職場個性

職場測驗 Workplace Test!

一般來說，在公司裡，你都是怎麼跟人打招呼的？

A. 只動嘴巴，表情不變
B. 拍拍對方的肩膀或手臂，說「你好！」
C. 揮手打招呼
D. 鞠躬打招呼

選擇 A： 這類人會維持目前的生活方式，討厭麻煩。對人的好惡表現得相當明顯，不會勉強自己與不喜歡的人來往。在日常生活中，他們常會發出不滿的抱怨，與人來往，也多半不是真心。

選擇 B： 這類人不喜歡大驚小怪，也不善於故弄玄虛，為人誠懇，熱情大方，深得朋友們的喜愛。他們頭腦冷靜，但較為保守，遇到緊急或意外的事情能夠鎮定自若，但在處理事情時容易墨守成規。很多政治家與中小企業的老闆皆屬於此類型。如果是年輕人，則屬於個性開放、能博得大家好感的人。在工作上他們認真努力，精益求精，可以完全控制自己的感情，全心地投入到工作中。在職場上的人緣普遍都很好。

選擇 C： 這類人不會只以言語為滿足，反而更重視表情與動作。與人交往喜歡照顧別人，即便內心有不愉快也能很快忘記，屬於善於社交型。由於他們的親切開朗，即便第一次見面的人，也都能立刻跟他成為好朋友，職場上的人脈非常廣。

選擇 D： 說聲「你好」，略微自然彎身鞠躬的你，會將日常生活習慣原封不動地表現出來，屬於容易注意到其他人的純樸類型。即使有想要的東西，這類型的人也往往會忍耐，因此不容易招致他人的厭惡，思想也相對地比較保守，是職場上的「乖孩子」。

國家圖書館出版品預行編目資料

這樣和主管說話受歡迎／楊智翔 著. -- 初版. -- 新北市：創見文化出版, 采舍國際有限公司發行, 2016.9　面；公分
ISBN 978-986-271-704-2（平裝）

1.職場成功法　2.說話藝術

494.35　　105010558

成功良品 92

這樣和主管說話受歡迎

創見文化・智慧的銳眼

出版者／創見文化
作者／楊智翔
總編輯／歐綾纖
主編／馬加玲　　美術設計／吳佩真

本書採減碳印製流程並使用優質中性紙（Acid & Alkali Free）最符環保需求。

郵撥帳號／50017206 采舍國際有限公司（郵撥購買，請另付一成郵資）
台灣出版中心／新北市中和區中山路2段366巷10號10樓
電話／（02）2248-7896　　傳真／（02）2248-7758
ISBN／978-986-271-704-2
出版日期／2016年9月

全球華文市場總代理／采舍國際有限公司
地址／新北市中和區中山路2段366巷10號3樓
電話／（02）8245-8786　　傳真／（02）8245-8718

全系列書系特約展示門市
新絲路網路書店
地址／新北市中和區中山路2段366巷10號10樓
電話／（02）8245-9896
網址／www.silkbook.com

創見文化 facebook https://www.facebook.com/successbooks

本書於兩岸之行銷（營銷）活動悉由采舍國際公司圖書行銷部規畫執行。